机电专业“十三五”规划教材

数控铣编程与操作

主　编　洪美琴　周名辉　聂笃伟
副主编　郝彦琴　李建平　何周亮

北京希望电子出版社
Beijing Hope Electronic Press
www.bhp.com.cn

内 容 简 介

本书基于项目任务驱动的学习模式，重点培养学生的数控铣削编程能力与实际操作专业技能。全书分数控铣床加工基本认识、轮廓类零件的加工、槽类零件的加工、孔类零件的加工和综合特征零件的加工，共5个学习单元17个项目学习任务。

本书可作为高等院校、中、高等职业技术院校的数控技术加工专用教材，也可供从事数控铣削加工的技工人员学习和参考。

图书在版编目（CIP）数据

数控铣编程与操作 / 洪美琴，周名辉，聂笃伟主编. -- 北京：北京希望电子出版社，2019.2
ISBN 978-7-83002-677-6

Ⅰ. ①数… Ⅱ. ①洪…②周…③聂…Ⅲ. ①数控机床－铣床－程序设计－高等职业教育－教材 Ⅳ. ①TG547

中国版本图书馆 CIP 数据核字（2019）第 021682 号

出版：北京希望电子出版社
地址：北京市海淀区中关村大街 22 号
中科大厦 A 座 10 层
邮编：100190
网址：www. bhp. com. cn
电话：010-82626270
传真：010-62543892
经销：各地新华书店

封面：赵俊红
编辑：武天宇　刘延姣
校对：薛海霞
开本：787mm×1092mm 1/16
印张：13
字数：333 千字
印刷：廊坊市广阳区九洲印刷厂
版次：2019 年 2 月 1 版 1 次印刷

定价：38.00 元

前言

为了培养数控加工高素质专业技能人才，本课程建设团队从数控铣削加工典型加工任务分析出发，对数控铣削应掌握的知识和能力进行了分析，构建了以项目任务驱动的课程内容，将知识点通过项目任务载体呈现给学生，充分体现了以学生为主体的教学模式。

本书包括数控铣床加工基本认识、轮廓类零件的加工、槽类零件的加工、孔类零件的加工和综合特征零件的加工，共 5 个学习单元，每个学习单元由多个项目组成。根据课程教学目标和学生认知规律，教学内容由简单到复杂、由单一到综合，项目任务载体主要遴选于企业实际产品和湖南省数控技术专业技能抽考试题库。每个项目设置有案例任务和训练任务，案例任务由教师讲授编程知识点和项目任务零件的加工工艺分析，并仿真演示知识难点；训练任务由学生自主完成。每个项目任务包括项目任务分析、编程分析及编程指令、加工工艺分析、项目任务实施及训练任务，通过数控仿真加工和零件实际加工，来检查学生对知识的掌握程度。

本书重在培养学生编程指令的综合应用能力和零件加工工艺分析能力。对重点、难点提供了微视频学习素材，方便学生提前预习和课后复习。本书由湖南汽车工程职业学院的洪美琴、湘潭技师学院的周名辉和怀化职业技术学院的聂笃伟担任主编，由怀化职业技术学院的郝彦琴、李建平和江西应用工程职业学院的何周亮担任副主编。本书的相关资料和售后服务可与 QQ（2436472462）联系获得。

本书难免有疏漏和不当之处，敬请各位专家及读者不吝赐教。

编 者

目 录

学习单元一 数控铣床加工基本认识

学习单元二 轮廓类零件的加工

学习单元四 孔类零件的加工

学习单元五 综合特征零件的加工

学习单元一
数控铣床加工基本认识

项目 1　手动铣零件的上表面

任务描述

图 1-1 零件毛坯为 200×150×51（mm），手动方式铣零件上表面至尺寸为 200×150×50（mm）。

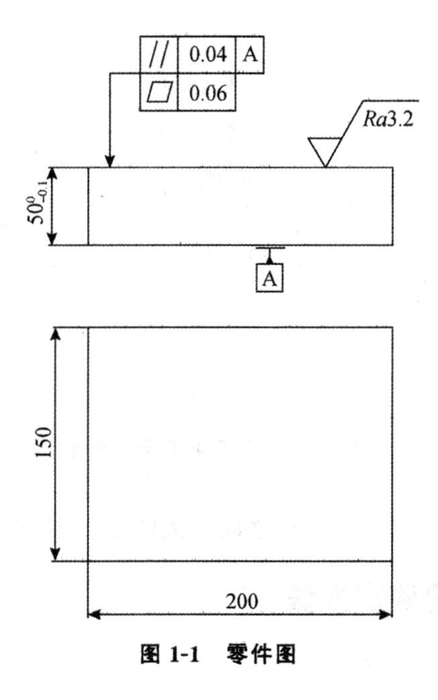

图 1-1　零件图

1.1　数控机床的坐标系

在数控机床上加工工件，刀具与工件的相对运动是以数字形式来体现的，因此需要建立相应的坐标系来明确刀具与工件的相对位置。为了便于编程时描述机床的运动，简化编程方法及保证记录数据的互换性，数控机床的坐标系和运动方向均已标准化。

1.1.1 机床坐标系与运动方向

数控机床坐标轴及运动方向是按统一的规定来确定的，数控机床坐标和运动方向的命名原则如下。

（1）刀具相对静止工件而运动的原则。即把刀具看成是运动的，而工件则是静止不动的。

（2）基本坐标轴 X、Y、Z 关系及其正方向用右手直角笛卡儿坐标。

标准坐标系采用右手直角笛卡儿定则。如图 1-2 所示。基本坐标轴 X、Y、Z 的关系及其正方向用右手直角定则判定。拇指为 X 轴，食指为 Y 轴，中指为 Z 轴，围绕 X、Y、Z 各轴的回转运动及其正方向 $+A$、$+B$、$+C$ 分别用右手螺旋定则判定，拇指为 X、Y、Z 的正向，四指弯曲的方向为对应的 A、B、C 的正向。

图 1-2 中字母带“′”机床坐标表示刀具相对静止不动，而工件是移动的。如 X'、Y'、Z'等。

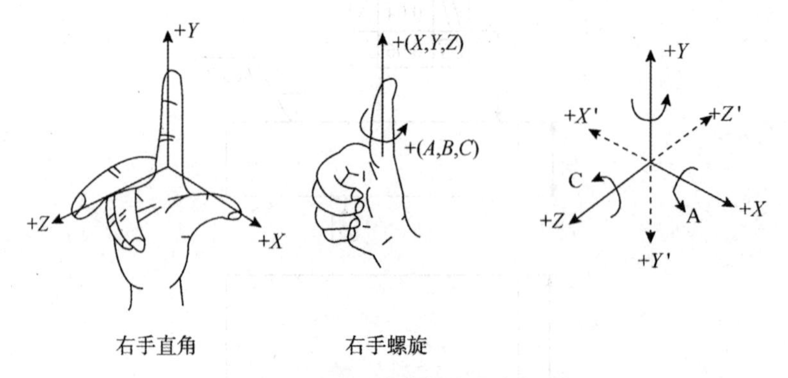

图 1-2　右手直角笛卡儿坐标

（3）运动正方向以增大刀具与工件之间距离的方向为坐标正方向。

1.1.2 机床坐标轴的确定方法

数控机床坐标轴确定顺序如下。

先确定 Z 轴，然后确定 X 轴，再根据右手直角笛卡儿坐标来确定 Y 轴。

（1）Z 轴

平行于主轴轴线的坐标轴即为 Z 轴。对于没有主轴（如牛头刨床），Z 轴垂直于工件装夹平面。其方向为增大刀具与工件的距离的方向为正方向。

（2）X 轴

X 轴坐标为水平且平行于工件装夹平面。对于刀具旋转的机床，如立式机床，应从刀具（主轴）向立柱方向看，右手所在方向为 X 轴正向，图 1-3 所示。如卧式机床，则应从刀具（主轴）尾端向工件方向看，右手所在方向为 X 轴的正方向，如图 1-4 所示。

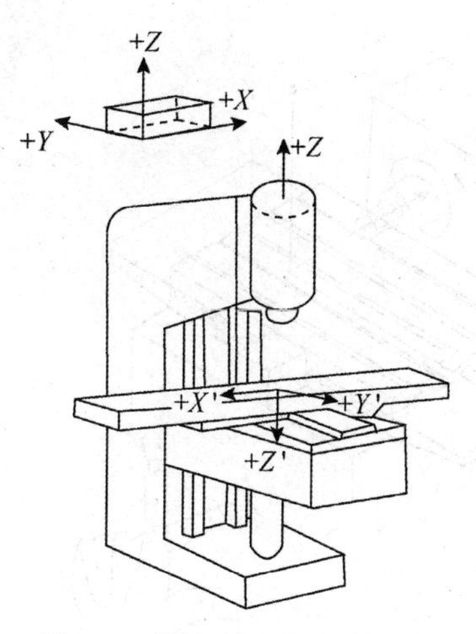

图 1-3　数控立式铣床坐标轴

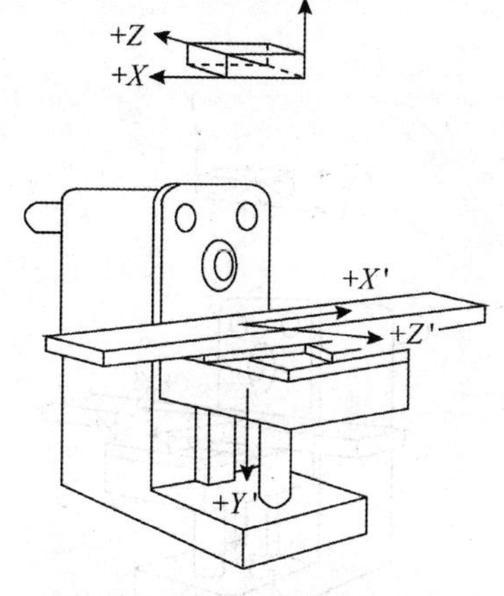

图 1-4　数控卧式铣床坐标轴

(3) Y 轴

已知 X 轴和 Z 轴，Y 轴则根据右手直角笛卡儿坐标系来判断。

(4) 回转坐标轴 A、B、C 轴

数控机床有回转进给运动时，回转轴线平行于 X、Y、Z 轴时，回转坐标轴用 A、B、C 表示，其正方向根据右手螺旋法则确定，如图 1-5 所示。

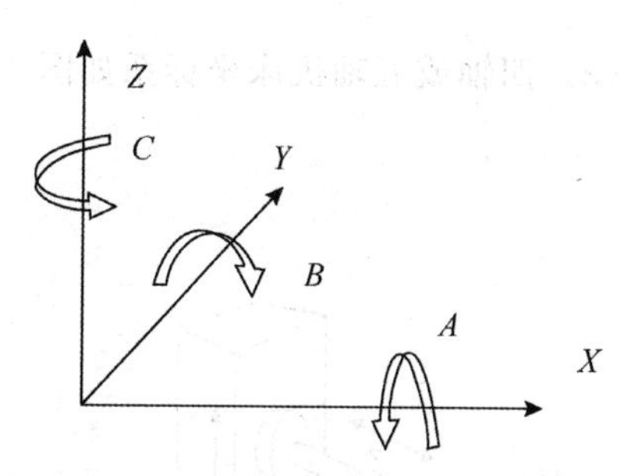

图 1-5　旋转坐标轴方向的判定

1.1.3　几种数控机床的坐标系

(1) 立式数控机床坐标系如图 1-6 所示。

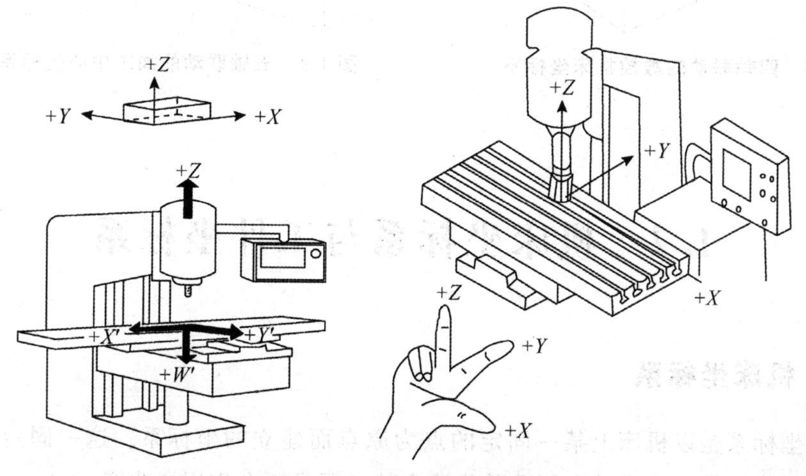

图 1-6　立式数控机床坐标系

（2）卧式数控机床坐标系如图 1-7 所示。

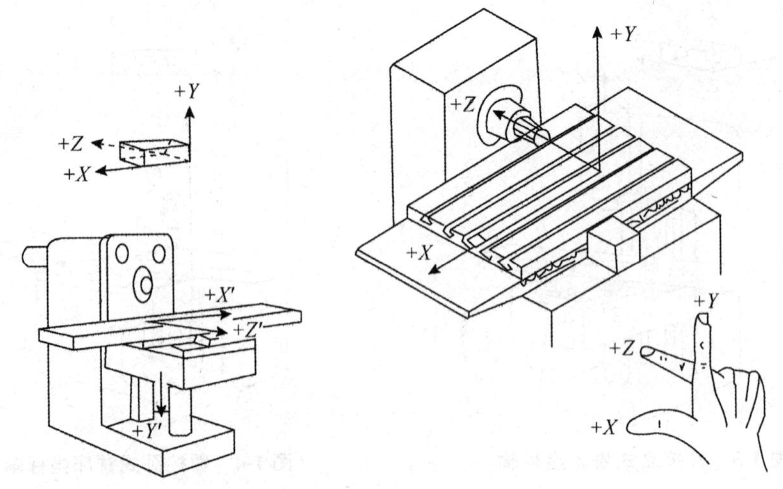

图 1-7　卧式数控机床坐标系

（3）四轴或五轴机床坐标系如图 1-8～图 1-9 所示。

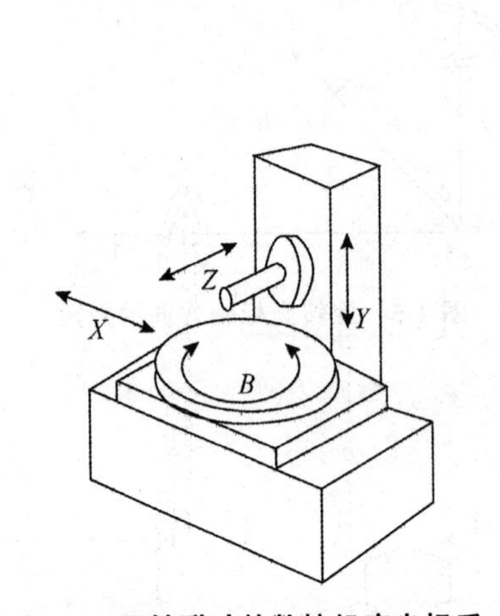

图 1-8　四轴联动的数控机床坐标系

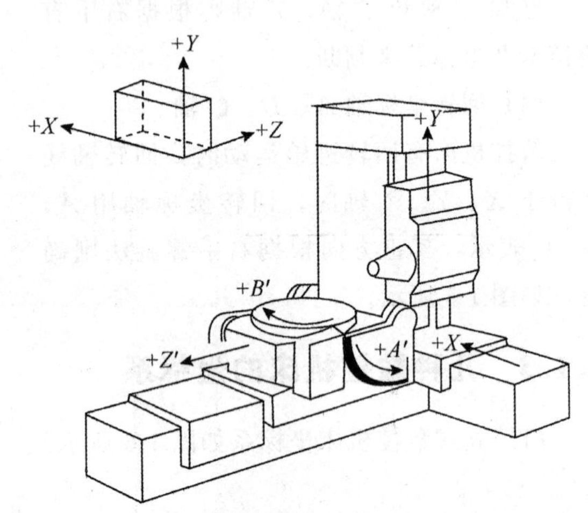

图 1-9　五轴联动的加工中心坐标系

1.2　机床坐标系与工件坐标系

1.2.1　机床坐标系

机床坐标系是以机床上某一固定的点为原点而建立的坐标系。这一固定点称为机床原点，其位置是机床设计和制造单位确定的，通常不允许用户改变。

机床原点是由机床参考点间接确定的。机床参考点也是机床上一个固定点，它与机床原点之间有一个确定的相对位置，一般设置在刀具运动的 X、Y、Z 轴正向最大极限位置，其位置由机床挡块确定。

1.2.2　工件坐标系

工件坐标系是由编程人员根据零件图及零件加工工艺，以零件上某一固定点为原点而建立的坐标系。工件坐标系是编程时用来确定工件几何形体上各要素的位置而设置的坐标系，又称为编程坐标系。工件原点的位置是根据工件的特点人为设定的，也称为编程原点。

数控铣削工件原点的选择原则如下。

（1）工件坐标原点应选在零件图的尺寸基准上，便于坐标值的计算。

（2）对称的零件，工件坐标原点应设在工件的对称中心上，便于对刀。

（3）Z 轴的原点，一般设在工件最高表面。

（4）对于一般零件，通常设在刀具进刀方向一侧工件外轮廓的某一角上。

工件原点是由编程人员设定。同一工件，改变工件原点，编程时各要素之间坐标尺寸也随之改变，因此数控编程时，应首先确定编程原点与工件坐标系。加工时工件装夹后，编程原点与机床原点之间的位置关系是由对刀来确定的，也即对刀的过程是建立工件坐标系与机床坐标系之间关系的过程，对刀是数控机床的关键操作之一。

1.2.3　工件坐标系选择指令

工件坐标系选择指令有 G54、G55、G56、G57、G58、G59。均为模态指令。

加工之前，通过对刀设定工件坐标系原点在机床坐标系中的位置，假如将对刀获得的数据输入到刀具偏置表 G54 中，则编程时需输入工件坐标系选择指令 G54，以确定刀具与工件相对运动的正确性。假如对刀时将对刀数据输入到 G55 中，则程序对应选择工件坐标系选择指令 G55。

程序段格式为：G54

1.3　FANUC 0i 数控系统操作

1.3.1　FANUC 0i 系统标准操作面板功能

（1）操作面板功能简介

FANUC 0i 系统标准操作面板如图 1-10 所示，由 CRT 显示器、MDI 面板和标准机床操作等组成。

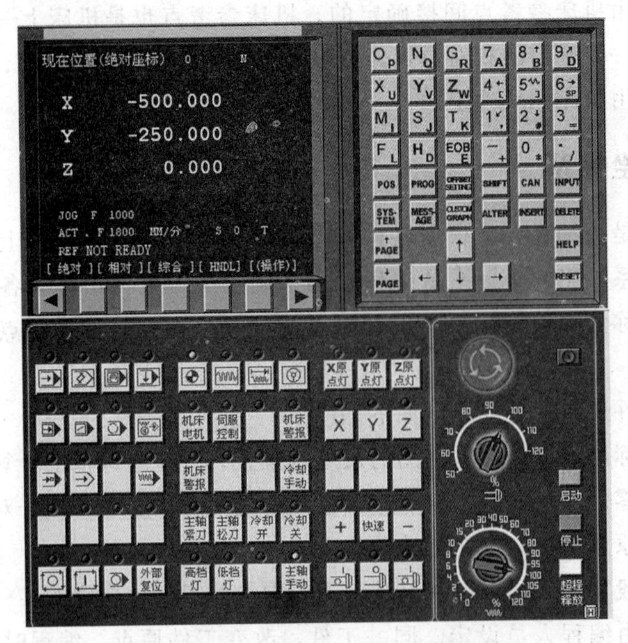

图 1-10　FANUC 0i 系统标准操作面板

图 1-11 为 MDI 键盘功能示意图，表 1-1 为 FANUC 0i 功能键盘简介，表 1-2 为机床操作面板功能键简介。

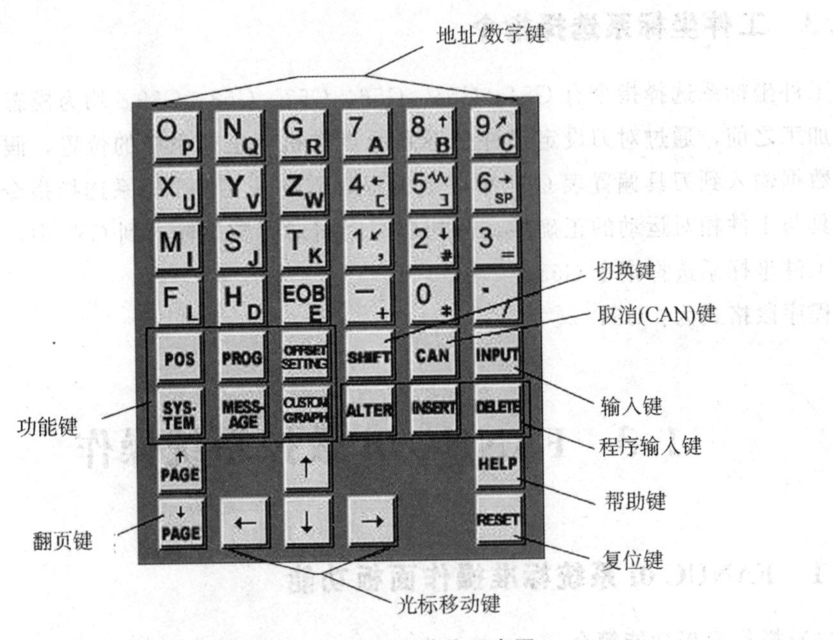

图 1-11　MDI 键盘功能示意图

表 1-1　FANUC 0i 功能键盘简介

名称	说明
复位键	按下该键可以使 CNC 复位或者取消的报警号
帮助键	当对操作不明白时，按下该键可以获得帮助
软键	在显示屏的下方，按下不同的功能键后具体功能会不同 按显示屏下方左端的软键（◢）时用于返回上一级菜单 按显示屏下方右端的软键（◤）时用于显示同级菜单中其他菜单功能
地址和数控键	按下这些键可以输入字母、数字或者其他字符
切换键	在输入键盘上有些键盘具有两个功能，按下该键可以在两个功能之间切换
输入键	当按下一个字母键或者数字键时，地址或数值进入键输入缓冲器并显示在 CRT 上，要将输入缓存区的数据复制到偏置寄存器中，按该键。该键与软盘上 INPUT 键等效
取消键	按下该键删除最后一个进入输入缓存区的字符或数字
程序输入键	按下 ALTER 键可以进行删除，按下 INSERT 键可以进行插入，按下 DELETE 键可以进行删除
功能键	按下这些键，可以进行不同功能显示屏幕的切换
光标移动键	按下这些键可以将光标移动到程序的任意位置
翻页键	按下这些键可以进行换页显示程序

不同的生产厂家生产的数控机床，机床操作面板是不同的，下表 1-2 列出了常用键及按钮、指示灯的含义有用法。机床操作面板功能键简介如表 1-2 所示。

表 1-2　机床操作面板功能键简介

符号	字符	键定义
	AUTO	程序运行时先设定自动操作方式
	EDIT	有关程序操作如编辑程序时先设定程序编辑方式

续表

符号	字符	键定义
	MDI	手动数据输入方式
	DNC	设定程序外部接口操作方式
	SINGLE BLOCK	程序单段运行，可以用于检查程序
	BLOCK DELETE	程序段跳读，自动运行时，跳过带“注释符”的程序段
	PROGRAM STOP	程序停止。自动运行时因 M00 而停止时该键的 LED 亮
	TEACH-INJOG	设定示教方式
	PROGRAM RESTART	程序再启动。自动运行中，因发生故障而停止后可通过指定程序段号而重新运行程序
	MACHINE LOCK	机床锁住，当通过该键自动运行程序时，轴不移动而只更新位置显示
	DRY RUN	试运行，当通过该键自动运行程序时，轴进给倍率为 JOG 进给倍率，而非编程进给倍率
	CYCLE START	循环启动，启动自动运行
	CYCLE STOP	循环停止，停止自动运行
	OPTIONAL STOP	选择停止，按下该键后自动运行时遇 M01 才会停止运行
	HOME	设定回参考点方式
	JOG	设定手动操作方式
	INC	设定脉冲增量方式

续表

符号	字符	键定义
	MPG	设定手轮进给方式
	SPCW	主轴正转
	SP STOP	主轴停止
	SP CCW	主轴反转
快速	TRAVERSE	快速进给，以快速进给方式移动
+ −	AXIS DIRECTION	手动轴移动方向选择
X Y Z	AXIS SELECTION	手动轴选择

1.3.2　数控铣床基本操作

零件的加工过程包括起动机床、加工准备、程序输入、对刀、自动运行等。

(1) 启动机床

启动电源，急停按钮复位，先回参考点。参考点是数控机床用来确定机床原点位置的一个点，通过该点的建立才能建立起机床坐标系，从而在此基础上建立工件坐标系。每次重新开机都必须先回参考点。

回参考点方法如下：

按 HOME 键，选择回参考点方式；选择所需的轴一直按住直到该轴回参考点结束，操作面板上原点灯亮。注意坐标的显示值。

(2) 手动进给操作

先选择手动方式操作，如图 1-12 所示。再选择进给轴 X、Y、Z，通过快移或进给倍率开关方式调节移动速度。在 JOG 或手动求教方式下，按下需要移动的坐标轴选择按钮，如图 1-13 所示，使其指示灯闪亮，再分别按下面板上的“+”“−”进行相应的移动，松开按钮则轴停止移动；若要执行快速移动，按上“快移”的同时，再分别按下“+”或“−”，被选择轴会以快速倍率进行移动，松开按钮则停止移动。

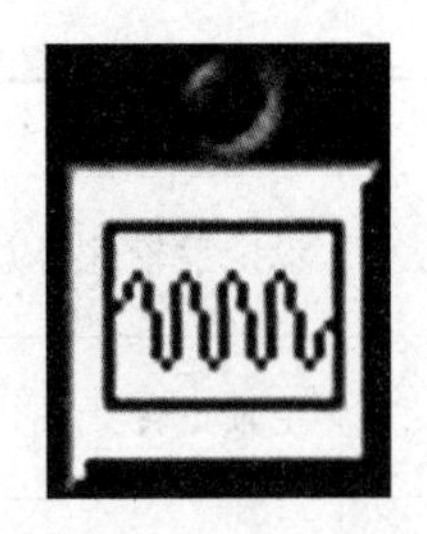

图 1-12　手动方式按键

相关操作功能键如下：

如图 1-14 所示，以手动或自动操作各轴的移动时，可通过调整进给速度倍率旋钮来改变各轴的移动速率。

图 1-13　进给轴选择

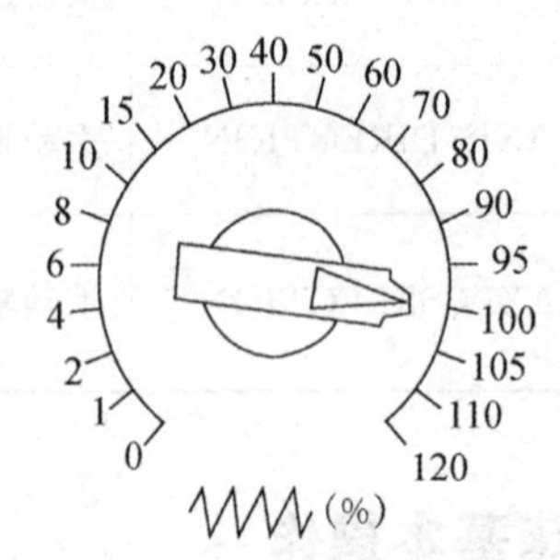

图 1-14　手动进给速度倍率旋钮

(3) 手动脉冲方式操作

手动脉冲方式操作时通过选择倍率旋钮开关可以使刀具以较小的移动步距接近工件位置。

如图 1-15 所示，在手动脉冲或手轮操作方式下，选择坐标轴旋钮开关和倍率旋钮开关如图 1-16 所示，通过如图 1-16 所示手摇脉冲发生器可运行选定的坐标轴。×1、×10、×100 分别表示一个脉冲移动 0.001mm、0.010mm、0.100mm，如图 1-17 所示。

图 1-15　手动脉冲方式按键

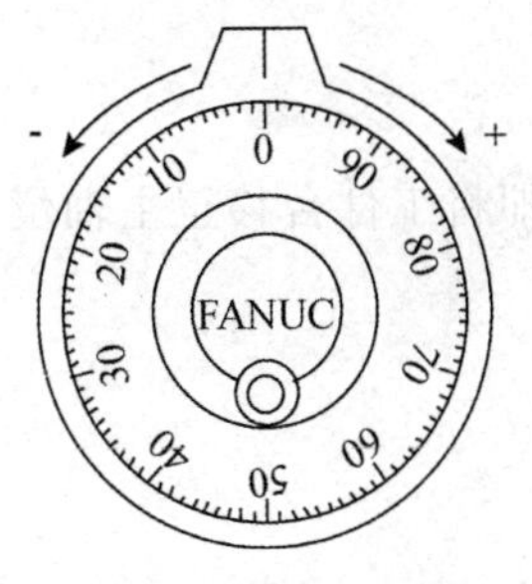

图 1-16　手摇脉冲发生器

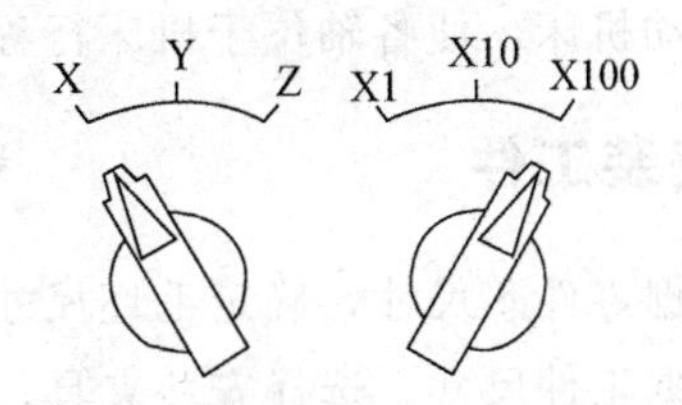

图 1-17　选择坐标轴与倍率旋钮

（4）主轴倍率调整旋钮

如图 1-18 所示，自动或手动操作主轴时，可以通过主轴倍率调整旋钮对主轴转速进行 50%～120%的无级调速。

（5）急停按钮操作

如图 1-19 所示，运动中遇到危险的情况，立即按下此按钮，将停止所有的动作；欲解除时，顺时针旋转此按钮，即可恢复待机状态。在重新运行前必须执行返回参考点操作。

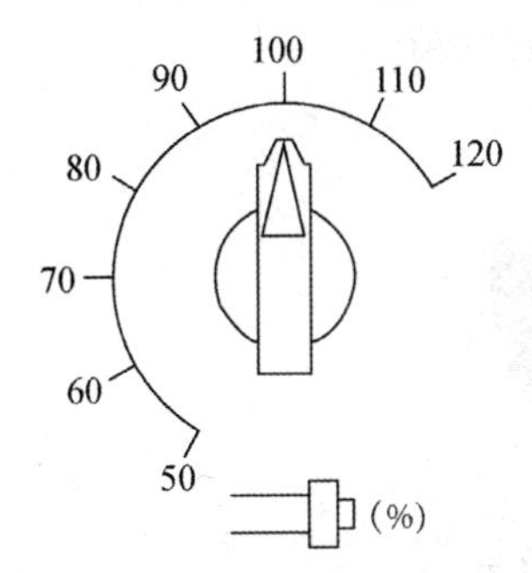

图 1-18　主轴倍率调整旋钮

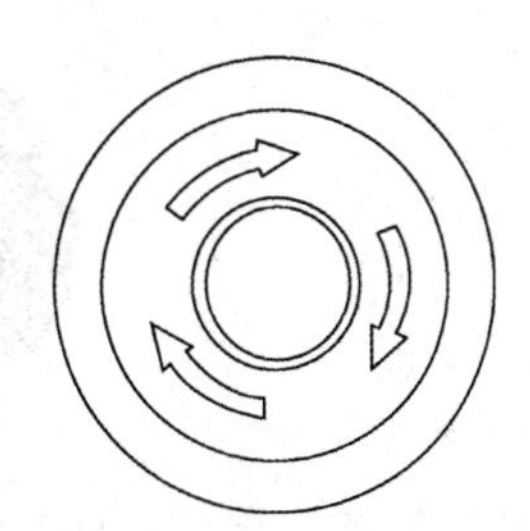

图 1-19　急停按钮开关与 MAG 按钮开关

数控机床开机启动电源后，要将急停按钮复位。

1.4　项目实施

1.4.1　双击 FANUC 0i 开机，进入数控加工仿真系统

启动机床，急停按钮复位。

1.4.2　回零

单击回零按钮，沿 *Z* 轴、*X* 轴、*Y* 轴方向回零。

1.4.3 移动机床

手动移动机床，使各轴位于机床行程的中间位置，即将工件台移至主轴位置附近。

1.4.4 安装工件

（1）根据零件图尺寸，确定毛坯尺寸；

（2）根据工件尺寸，选择安装夹具；

（3）放置零件。

1.4.5 安装刀具并对刀

1. 根据加工需要，选择刀具并装刀

铣表面选用面铣刀。面铣刀的圆周表面和端面上都有切削刃，端部切削刃为副切削刃，常用于端铣较大的平面。面铣刀多制成套式镶齿结构，如图 1-20 所示，刀齿材料为高速钢或硬质合金，一般刀体材料为 40Cr。硬质合金面铣刀按刀片和刀齿的安装方式不同，可分为整体式、机夹一焊接式和可转位式三种。

图 1-20 可转位式面铣刀

2. 对刀

（1）*X* 轴对刀

①安装好工件并找正，启动主轴中速旋转，采用手轮进给方式，移动刀具先靠近到工件 *X* 方向的对刀基准面如工件的右侧面。

②用手动脉冲发生器，慢慢移动刀具，使刀具侧面接触工件出现一极微小切痕，或见切屑飞起，即表明刀具正好碰到工件的侧面。沿 *Z* 向方向退刀，记录此时的 *X* 坐标，设为 *X*1；然后将刀具移动到工件 *X* 方向另一侧面如左侧面，用同样的方法碰切后抬刀，记录此时的 *X* 坐标，设为 *X*2。

③计算 *X* 轴编程原点的机床坐标值 *X*0，*X*0＝（*X*1＋*X*2）/2，按OFFSET SETTING打开机床刀补表，选择 G54 坐标系中 *X* 位置，输入 *X*0 数值，在输入坐标值后，单击“输入”按钮或按INPUT键。

④用相对坐标清零操作时，当刀具移动到工件的右侧面如上述步骤②时，对 *X* 轴

清零后，将刀具移动到工件的右侧面显示的相对坐标值除以 2，假定值为 a，在刀补表中输入 Xa 值，按显示屏下面的软键“测量”。

（2）Y 轴对刀

Y 轴对刀与 X 轴对刀相同，只是刀具移动到 Y 轴方向的两个侧面。

（3）Z 轴对刀

手动进给方式将刀具移动靠近到工件的上表面，改用手动脉冲发生器使刀具慢慢接触工件的上表面，见有切屑飞起或用薄纸片转飞时表明刀具正好与工件接触，记下此时显示的机床坐标值，在刀补表中 G54 坐标相应 Z 位置输入坐标值，按软键“输入”即可。如是纸片，则用千分尺测量其厚度，输入的坐标值为显示机床坐标值减去纸片厚度。铣刀直接对刀如图 1-21（a）（b）（c）所示。

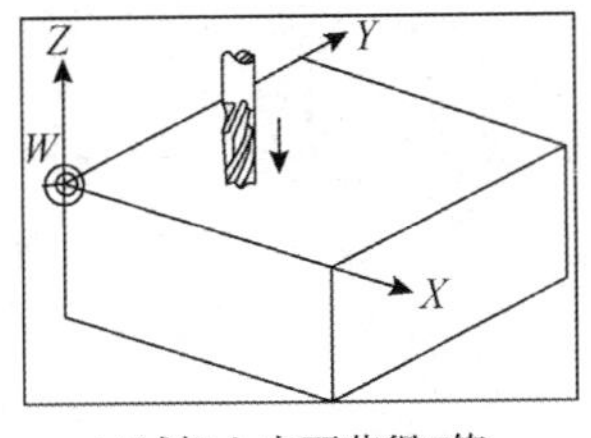

(a)试切上表面获得Z值

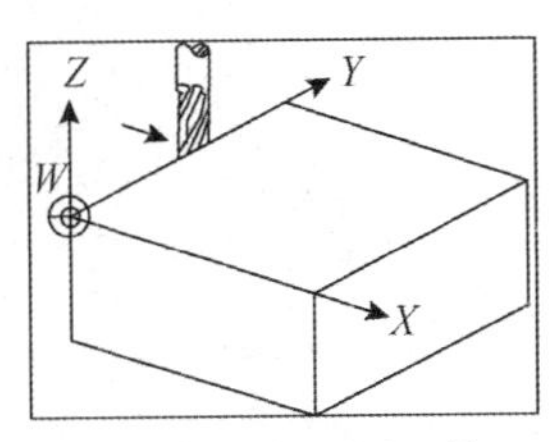

(b)试切左端面获得X值

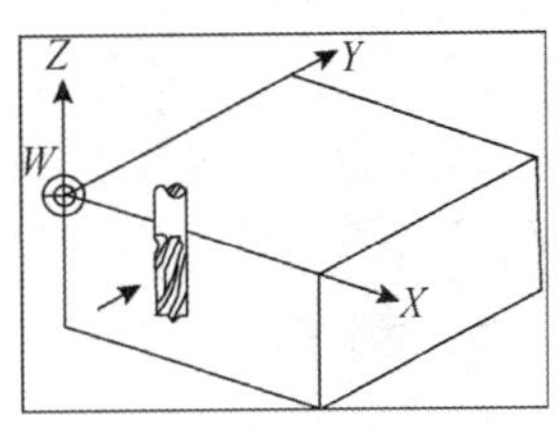

(c)试切前端面获得Y值

图 1-21　铣刀直接对刀

1.4.6　手动和 MDI 方式铣表面

1. 手动铣表面

（1）切换到手动方式，主轴正转，以合适的速度移动刀具至工件表面之上，再以手摇脉冲方式沿 Z 轴负方向移动刀具接触工件上表面，待切屑飞起时停止移动。

（2）保持 Z 轴方向位置不动，沿 X 轴方向移动刀具至工件轮廓外，对 Z 轴清零，手摇方式沿 Z 轴负方向移动刀具，移动距离为 2mm，即表面的铣削余量。

（3）保持 Z 轴方向位置不动，手动方式沿 X 轴方向或 Y 轴方向移动刀具铣削上表面。

2. MDI 方式铣表面

（1）按 MDI 按钮后再单击输入键盘中的 PROG 按钮，输入程序：

```
G54 M03 S600
G0 X－60 Y－35
Z5
G01 Z－2 F60
```

（2）单击循环启动按钮，此时刀具沿 Z 轴负方向下降到离工件上表面 2mm 处，至铣削余量位置。

（3）保持 Z 轴方向位置不动，手动方式沿 X 轴方向或 Y 轴方向移动刀具铣削上表面。

1.4.7 测量

在 FANUC 0i 数控系统中，选择主菜单中的"测量"图标，选择 Y－Z 或 X－Z 测量面对工件高度尺寸进行测量。实际加工中用游标卡尺测量工件的厚度。

项目2 铣字母

任务描述

在 100 × 50 × 28（mm）的矩形块料上铣 X、Y、Z 三个字母，铣深 5mm。如图 1-22 所示。

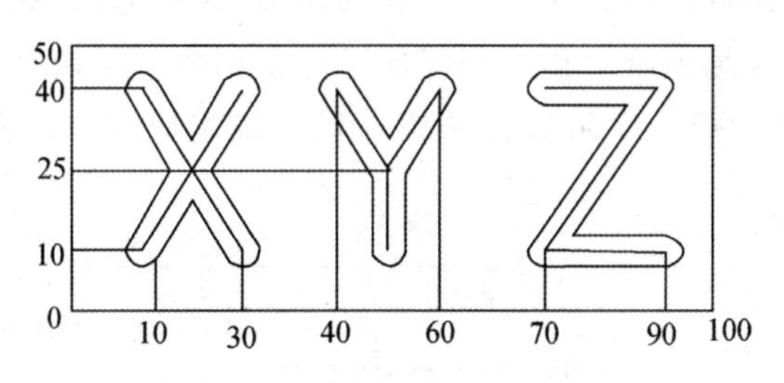

图 1-22 字母 X、Y、Z 图

2.1 项目任务分析

2.1.1 编程原点选择

根据零件图，编程原点选择零件的左下角，*Z* 轴原点选择在工件的上表面。

2.1.2 铣削刀具的选择

（1）用立铣刀铣削。立铣刀切削刃不过中心时，加工时先钻工艺孔或沿斜线下刀至铣削深度，再沿字母形状走刀。铣完一个字母之后沿 *Z* 轴方向提刀。

（2）用键槽铣刀铣削。键槽铣刀的端面刃过中心，加工时沿轴线方向下刀至铣削深度，再沿字母形状走刀。

图 1-23 键槽铣刀

键槽铣刀如图 1-23 所示，有两个刀齿，端面的切削刃为主切削刃，圆周的切削刃为副切削刃，端面刀刃延至刀具中心。按国家标准规定，直柄键槽铣刀直径为 2～22mm，锥柄键槽铣刀直径为 14～50mm。

（3）编程指令

字母 X、Y、Z 均由直线段构成，铣削时采用直线插补指令 G01。

2.2 编程基本知识

2.2.1 程序的结构与格式

1. 程序的结构

一个完整的程序由程序号、程序内容和程序结束三部分组成。程序的内容则由若干程序段组成，程序段是由若干指令字组成，每个指令字又由字母和数字组成。即字母和数字组成指令字，指令字组成程序段，程序段组成程序。程序的结构如图 1-24 所示。

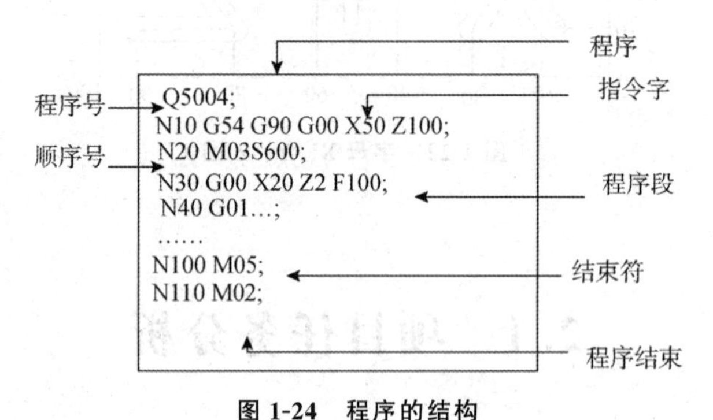

图 1-24　程序的结构

（1）程序号：程序号为程序的开始部分，为了区别存储器中的程序，每个程序都要有程序编号，在编号前采用程序编号地址码。如在 FANUC 系统中，采用英文字母“O”作为程序编号地址，程序号由编号地址及后缀四位数字组成，如 O1234，而其他系统则采用“P”“%”以及“:”等作为编号地址。如华中系统采用“%”。

（2）程序内容：程序内容是整个程序的核心，由许多程序段组成，每个程序段由一个或多个指令组成，表示数控机床要完成的全部动作。

（3）程序结束：以程序结束指令 M02 或 M30 作为整个程序结束的符号，来结束整个程序。

2. 程序段格式

程序段一般按“N…G…X…Y…Z…F…S…T…M;”格式来写，N 为顺序号，G 为准备功能。指令字的功能、地址及意义和范围如表 1-3 所示。

表 1-3　指令字的功能、地址及意义和范围

功能	地址	意义和范围
程序号 顺序号	O N	程序编号 顺序编号
准备功能	G	指令运动状态：G00－G99
尺寸字	X，Y，Z，U，V，W R I，J，K	坐标轴的移动指令 圆弧半径 圆心相对始点的增量
进给功能	F	进给速度指定 螺距
主轴功能	S	主轴转速指令
刀具功能	T	刀具号、刀具偏置号
辅助功能	M	机床开/关控制指令 M00－M99
暂停	X、P	暂停时间指令
子程序号指令	P	指令子程序号
重次次数	L	子程序的重复次数

通常，编写程序段时需注意以下几点。

（1）程序段中指令字的前后排列顺序并不严格，但为了编程和修改的方便，尽量按上述的格式顺序书写。

（2）没有必要的功能字可以省略。

（3）有些功能字属模态指令，这些指令一经指定一直有效，直至被同组的其他代码取代为止。如某些 G 功能或 F、S、T、M 功能，在前一程序段指定后，若在本程序段有效，可以省略不写。

（4）坐标尺寸字中可只写有效数字，省略前置零。在坐标尺寸字中若本程序段与前一个程序段坐标尺寸相同，本程序段可省略不写。

2.2.2　编程指令

1. 绝对值编程指令和增量值编程指令

绝对值编程指令是 G90，增量值编程指令是 G91，它们是一对模态指令。G90 出现后其后的所有坐标值都是绝对坐标，当 G91 出现以后，G91 以后的坐标值则为相对坐标。

绝对坐标：点的坐标值是相对固定的编程坐标系原点来计量的坐标值。

相对坐标：点的坐标值是以前一个点的位置为起点来计量的坐标系，也称增量坐标。

2. 快速定位指令

G00 为快速定位指令，刀具以点位控制方式从刀具所在位置以各轴设定的最高允许速度移动到指定位置，属于模态指令。

程序段格式为：G00 X—Y—Z—，

X—Y—Z—为目标点坐标。

注意事项：

(1) 指令 F 对 G00 程序段无效；

(2) 使用 G00 指令时，刀具的实际运动路线并不一定是直线，而是一条折线。因此要注意刀具与工件或夹具是否发生干涉，对不适合联动的场合，每轴可单动。

3. 直线插补指令

G01 指令即线性进给指令，按程序段中规定的进给速度 F，由某坐标点移动到另一坐标点，插补加工出任意斜率的直线。

机床在执行 G01 指令时，在该程序段中必须具有或在该程序段前已经有 F 指令，如无 F 指令则认为进给速度为零。G01 和 F 均为模态代码。

程序段格式为：G01 X—Y—Z—F，

X—Y—Z—为目标点坐标。

4. 暂停指令 G04

G04 指令的功能是使刀具作短暂的无进给光整加工（主轴仍然在转动），用于镗平面、锪孔等场合。G04 指令为非模态指令。

程序段格式为：G04 X（P）

地址字 X 或 P 为暂停时间，X 后可用带小数点的数，单位为 s，如 G04 X5，表示前面的程序段执行完后要经过 5s 的暂停，后面的程序段才会执行；地址 P 后不允许用小数点，单位为 ms，如 G04 P1000 表示暂停 1s。

5. 圆弧插补指令

G02、G03 为圆弧插补指令，该指令的功能是使机床在给定的坐标平面内进行圆弧插补运动。

圆弧插补指令首先要指定圆弧插补的平面，插补平面由 G17、G18、G19 选定。G17 为 *XY* 平面，G18 为 *XZ* 平面，G19 为 *YZ* 平面。

圆弧插补有两种方式，一种是顺时针圆弧插补 G02，另一种是逆时针插补 G03。

编程格式有两种，一种是 I、J、K 格式，即圆心坐标格式；另一种是 R 格式。

(1) 程序段格式

XY 平面：

G17 G02/G03 X—Y—R—F——半径编程

G17 G02/G03 X—Y—I—J—F——圆心坐标编程，如图 1-25 (a) 所示。

XZ 平面：

G18 G02/G03 X—Z—R—F——半径编程

G18 G02/G03 X—Z—I—K—F——圆心坐标编程，如图 1-25（b）所示。

YZ 平面：

G19 G02/G03 Y—Z—R—F——半径编程

G19 G02/G03 Y—Z—J—K—F——圆心坐标编程，如图 1-25（c）所示。

坐标地址字根据圆弧所在的平面来选择，如图 1-25（b）所示，编程格式为：G18 G02 X—Z—I—K—F—。

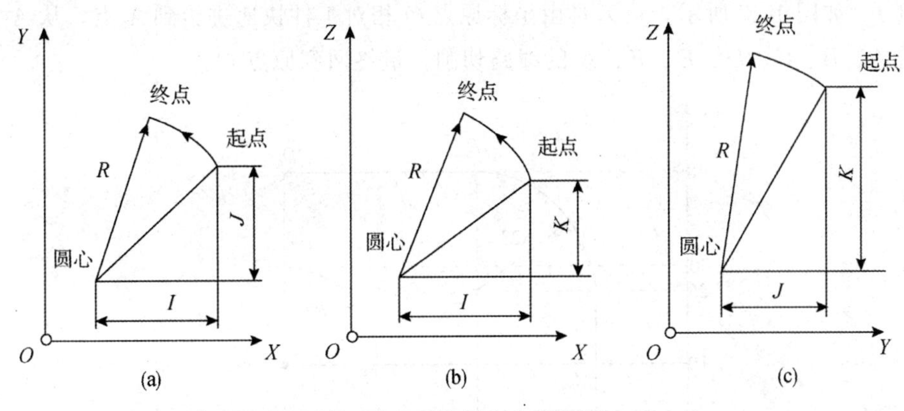

图 1-25　圆弧圆心坐标编程

（2）G02/G03 的判断

站在垂直圆弧所在平面坐标轴的正方向观察，顺时针方向为 G02，逆时针方向为 G03。如在 *XY* 平面，从 *Z*＋向 *Z*－看去，顺时针即为 G02，逆时针为 G03。

（3）说明

① X—Y—Z——圆弧终点坐标值。

R——圆弧半径值，圆弧的圆心角 α＞180°，*R* 取负值；圆心角 α≤180°，*R* 取正值。图 1-26（a）中 *R*1 为正值，而 *R*2 为负值。

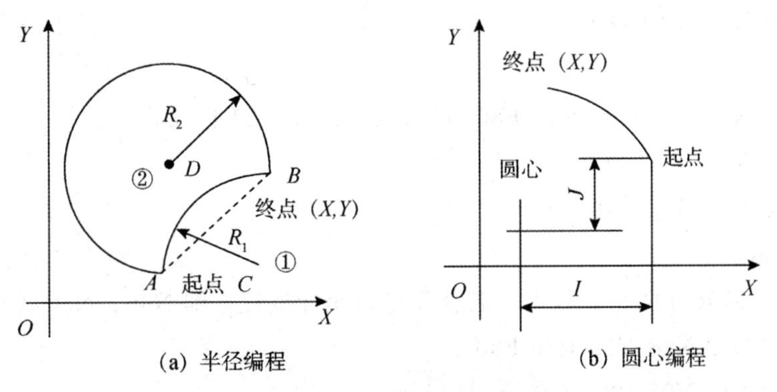

图 1-26　圆弧插补编程

②I、J、K——为圆弧起点到圆心所作矢量分别在 X、Y、Z 坐标轴方向上的分矢量，矢量方向指向圆心。分矢量方向与坐标轴正方向相反时 I、J、K 坐标取“－”号，如图 1-26（b）所示。

即：$\begin{cases} I = X_{圆心} - X_{圆弧起点} \\ J = Y_{圆心} - Y_{圆弧起点} \\ K = Z_{圆心} - Z_{圆弧起点} \end{cases}$

③加工整圆时要用圆心坐标编程格式，用 R 编程格式不能描述整圆。

例 1　如图 1-27 所示，设刀具由坐标原点 O 相对工件快速进给到 A 点，从 A 点开始沿着 A、B、C、D、E、F、A 的线路切削，最终回到原点 O。

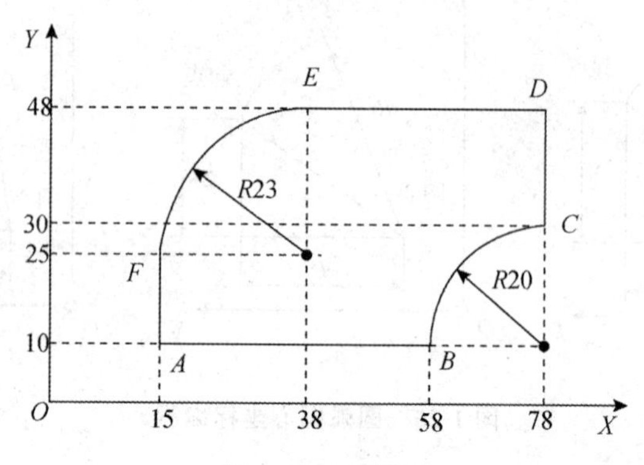

图 1-27　零件图

程序如下：

```
O0002
N10 G54 G90 G17 M03 S400
N20 GOO X15 Y10
N30 G91 G01 X43 F180
N40 G02 X20 Y20 R20 F80（G02 X20 Y20 I20）
N50 G01 X0 Y18 F180
N60 X－40
N70 G03 X－23 Y－23 R23 F80（G03 X－23 Y－23 J－23）
N80 G01 Y－15 F180
N90 G00 X－15 Y－10
N100 M30
```

插补 R23 和 R20 两个圆弧时，若使用绝对坐标编程，则 N40、N50 程序段如下：

```
N40 G90 G02 X78 Y30 R20 F80
N70 G03 X15 Y25 R23 F80
```

2.2.3　常用辅助功能

辅助功能也叫 M 功能或 M 代码，它是控制机床或系统开关功能的一种命令。常用辅助功能的 M 代码、含义及用途如表 1-4 所示。

表 1-4　常用辅助功能的 M 代码、含义及用途

功能	含义	用途
M00	程序停止	实际上是一个暂停指令。功能是执行此指令后，主轴的转动、进给、切削液都将停止，但模态信息全部被保存，以便进行某一手动操作，如换刀、测量工件的尺寸等。按下控制面板上的启动指令后，机床重新启动，继续执行后面的程序
M01	选择停止	功能与 M00 相似，不同的是，M01 只有在预先按下控制面板上“选择停止开关”按钮的情况下，程序才会停止
M02	程序结束	该指令写在程序的最后一段，表示程序全部结束。此时主轴停转、进给停止、切削液关闭，机床处于复位状态
M03	主轴正转	用于主轴顺时针方向转动。所谓主轴正转，是从主轴向 Z 轴正向看，主轴顺时针转动；反之，则为反转
M04	主轴反转	用于主轴逆时针方向转动
M05	主轴停止转动	用于主轴停止转动
M06	换刀	用于加工中心自动换刀功能。当执行 M06 指令时，进给停止，但主轴、切削液不停
M07	冷却液开	表示 2 号冷却液或雾状冷却液开
M08	冷却液开	表示 1 号冷却液或液状冷却液开
M09	冷却液关	表示关闭冷却液开关
M30	程序结束	指令与 M02 指令的功能基本相同，但 M30 能自动返回程序起始位置，准备下一个工件的加工
M98	子程序调用	用于子程序调用
M99	子程序返回	用于子程序结束及返回主程序

2.2.4　其他功能

（1）进给功能 F

进给功能 F 表示刀具中心运动时的进给速度。由地址 F 和后面的数字组成。在

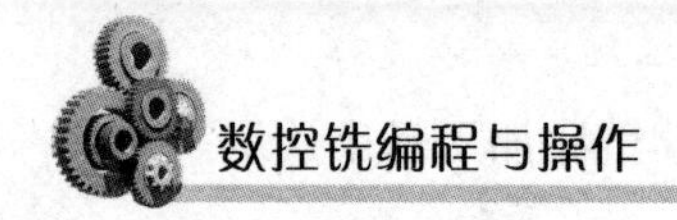

G01、G02、G03 和循环指令程序段中，必须要有 F 指令，或者在这些程序段之前已经写入了 F 指令。

F 功能指令为模态指令。在铣削加工中，进给速度单位为 mm/min，表示每分钟进给量，如 F100 表示进给速度为 100mm/min。

（2）主轴转速功能 S

也称 S 功能，主要表示主轴转速或切削速度，属于模态代码，用地址字 S 加二到四位数字表示，单位为 r/min。如 S800 表示主轴转速为 800r/min。

（3）T 功能

T 是刀具功能代码，后跟两位数字表示更换刀具的编号，即 T00～T99。因数控铣床无 ATC，需人工换刀，所以 T 功能只用于加工中心。

加工中心换刀时，须在一安全位置实施刀具交换动作，以避免与工作台、工件发生碰撞。*Z* 轴的机床原点位置是远离工件最远的安全位置，故一般让 *Z* 轴先返回机床原点后，才执行换刀动作。换刀的程序段如下：

只需 *Z* 轴回机床原点的情况

G91 G28 Z0；　　　　　*Z* 轴回机床原点

M06 T03；　　　　　　M06 换刀指令，3 号刀换到主轴上

……

2.3　项目实施

2.3.1　零件加工工艺方案

（1）确定工件的定位基准。

以工件的底面和两侧面为定位基准。

（2）选择加工方法

根据零件图只要求铣字母，该零件选择粗铣加工方法。

（3）拟定工艺路线

1）按 105×55×30（mm）下料。

2）在普通铣床上铣削 6 个面，保证 100×50×28（mm）尺寸。

3）去毛刺。

4）在加工中心或数控铣床上铣字母上，铣至尺寸。

5）去毛刺。

6）检验。

2.3.2　编制数控加工技术文档

（1）机械加工工艺过程卡

机械加工工艺过程卡如表 1-5 所示。

表 1-5　机械加工工艺过程卡

机械加工工艺过程卡			产品名称	零件名称	零件图号	
					X001	
材料名称及牌号	45 钢	毛坯种类或材料规格	105×55×30（mm）		总工时	
工序号	工序名称	工序简要内容	设备名称及型号	夹具	量具	工时
10	下料	105×55×30	锯床		钢尺	
20	铣面	粗铣 6 个面	普通铣床	平口钳	游标卡尺	
30	钳	去毛刺	钳工台			
40	检验	检查六个面尺寸			游标卡尺	
50	数铣	铣三个字母	数控铣床	平口钳	游标卡尺	
60	钳	去毛刺	钳工台		去毛刺刀	
70	检	按图纸要求检测尺寸			游标卡尺	
编制		审核	批准		共　页	第　页

（2）数控加工工序卡

数控加工工序卡如表 1-6 所示。

表 1-6　数控加工工序卡

<table>
<tr><td colspan="6" rowspan="2">数控加工工序卡</td><td colspan="2">产品名称</td><td colspan="2">零件名称</td><td colspan="2">零件图号</td></tr>
<tr><td colspan="2"></td><td colspan="2"></td><td colspan="2">X001</td></tr>
<tr><td>工序号</td><td>50</td><td>程序编号</td><td>O0021</td><td>材料牌号</td><td>45 钢</td><td colspan="2">夹具名称</td><td colspan="2">平口钳</td><td>加工设备</td><td></td></tr>
<tr><td rowspan="2">工步号</td><td colspan="3" rowspan="2">工步内容</td><td colspan="5">切削用量</td><td colspan="2">刀具</td><td>量具</td></tr>
<tr><td>V_C (m/min)</td><td>n (r/min)</td><td>f (mm/min)</td><td colspan="2">a_p (mm)</td><td>编号</td><td>名称</td><td>名称</td></tr>
<tr><td>1</td><td colspan="3">铣字母</td><td>30</td><td>1200</td><td>80</td><td colspan="2">5</td><td>T1</td><td>ϕ8 键槽铣刀</td><td>游标卡尺</td></tr>
<tr><td>编制</td><td colspan="3"></td><td>审核</td><td></td><td>批准</td><td colspan="3"></td><td>共　页</td><td>第　页</td></tr>
</table>

（3）数控加工程序卡

数控加工程序卡如表 1-7 所示。

表 1-7　数控加工程序卡

<table>
<tr><td>零件名称</td><td></td><td>数控系统</td><td>FANUC 0i</td><td>编制日期</td><td></td></tr>
<tr><td>零件图号</td><td>X001</td><td>程序号</td><td>O0021</td><td>编制</td><td></td></tr>
<tr><td colspan="3">程序内容</td><td colspan="3">程序说明</td></tr>
<tr><td colspan="3">O0021</td><td colspan="3">程序名</td></tr>
<tr><td colspan="3">N10 G54 G90 G00 X−10 Y0 M03 S1200</td><td colspan="3">选择坐标系、刀具起始位置</td></tr>
<tr><td colspan="3">N20 Z50</td><td colspan="3">Z 轴位置</td></tr>
<tr><td colspan="3">N30 X10 Y10 Z5</td><td colspan="3">字母 X 的起始位置</td></tr>
<tr><td colspan="3">N40 G01 Z−5 F80</td><td colspan="3">下刀至 5mm 深</td></tr>
<tr><td colspan="3">N50 X30 Y40</td><td colspan="3">铣字母 X</td></tr>
<tr><td colspan="3">N60 Z5</td><td colspan="3">提刀</td></tr>
<tr><td colspan="3">N70 G0 X30 Y10</td><td colspan="3">铣字母定位起始位置</td></tr>
<tr><td colspan="3">N80 G01 Z−5 F80</td><td colspan="3">下刀至铣削深度</td></tr>
<tr><td colspan="3">N90 X10 Y40</td><td colspan="3">铣字母 X</td></tr>
<tr><td colspan="3">N100 Z5</td><td colspan="3">提刀</td></tr>
<tr><td colspan="3">N110 G0 X50 Y10</td><td colspan="3">定位铣 Y 字母起始位置</td></tr>
<tr><td colspan="3">N120 G01 Z−5 F80</td><td colspan="3">下刀至铣削深度</td></tr>
<tr><td colspan="3">N130 Y25</td><td colspan="3">铣字母 Y</td></tr>
<tr><td colspan="3">N140 X40 Y40</td><td colspan="3"></td></tr>
<tr><td colspan="3">N150 Z5</td><td colspan="3">提刀</td></tr>
<tr><td colspan="3">N160 G0 X50 Y25</td><td colspan="3">定位至字母 Y 中间位置</td></tr>
<tr><td colspan="3">N170 G01 Z−5 F80</td><td colspan="3">下刀</td></tr>
<tr><td colspan="3">N180 X60 Y40</td><td colspan="3">铣字母 Y</td></tr>
<tr><td colspan="3">N190 Z5</td><td colspan="3">提刀</td></tr>
<tr><td colspan="3">N200 G0 X90 Y10</td><td colspan="3">快速定位至字母 Z 起始位置</td></tr>
<tr><td colspan="3">N210 G01 Z−5 F80</td><td colspan="3">下刀</td></tr>
<tr><td colspan="3">N220 X70</td><td colspan="3">铣字母 Z</td></tr>
<tr><td colspan="3">N230 X90 Y40</td><td colspan="3"></td></tr>
<tr><td colspan="3">N240 X70</td><td colspan="3"></td></tr>
<tr><td colspan="3">N250 Z5</td><td colspan="3">提刀</td></tr>
<tr><td colspan="3">N260 G0 Z50</td><td colspan="3">快速提刀</td></tr>
<tr><td colspan="3">N270 X−10 Y0</td><td colspan="3">回到加工起始位置</td></tr>
<tr><td colspan="3">N280 M05</td><td colspan="3">主轴停</td></tr>
<tr><td colspan="3">N290 M30</td><td colspan="3">程序结束</td></tr>
</table>

2.3.3　试加工与调试

1. FANUC 0i 开机，进入数控加工仿真系统

急停按钮复位，启动机床。

2. 回零

单击回零按钮，沿 Z 轴、X 轴、Y 轴方向回零。

3. 移动机床

手动移动机床，使各轴位于机床行程的中间位置，即将工件台移至主轴位置附近。

4. 安装工件

（1）根据零件图尺寸，确定毛坯尺寸。

（2）根据工件尺寸，选择安装夹具。

（3）放置零件。

5. 安装刀具并对刀

因为数控仿真软件中没有键槽铣刀，因此用 $\phi 8$ 的平底铣刀来代替。

对刀时，当工件的对刀基准面为已加工面时，不能用铣刀直接对刀以免损伤已加工表面，可采用寻边器对刀、基准工具对刀和 Z 方向设定器进行 Z 轴对刀。该零件以工件的左下角点为编程坐标原点，用基准工具刚性靠棒来靠近工件的对刀基准面，如工件的左侧面和前侧面。

当编程原点不在工件的中心时，如图 1-28 所示，通过手动方式及手动脉冲操作将刀具移动至正好接触工件的对刀基准面——单一侧面，如刀具位置 1 时，读取显示区中 X 轴的坐标值 X_1，计算 X 轴的零点偏置值：

$$X_0 = X_1 + a + R_{刀}$$

按OFFSET SETTING键进入工件坐标系，将光标移到 G54 对应的 X 处，输入 X_0 计算数值，按显示屏下的“INPUT”输入键，完成 X 轴的对刀。

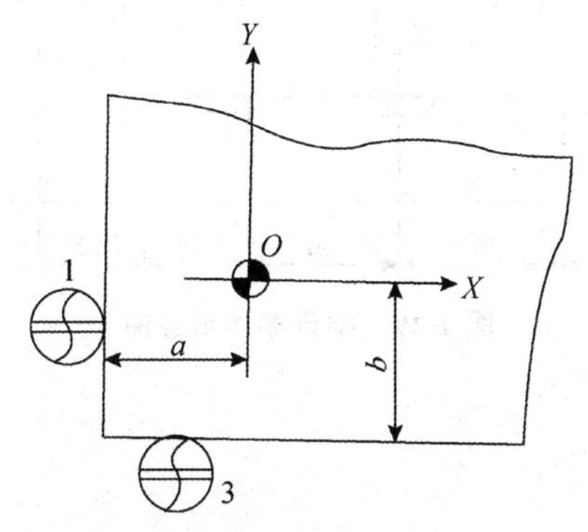

图 1-28　零点偏置计算

Y 轴方向对刀时，将刀具移动到图 1-28 的位置 3，按 X 轴对刀相同操作后，记下显示区中的坐标值 Y_1，零点偏置值计算：

$$Y_0 = Y_1 + b + R_{刀}$$

按相同的操作输入零点偏置值，完成 Y 轴方向对刀。

计算式中 a、b、$R_{刀}$ 有正负之分，当编程原点在刀具接触面的正方向时，取正值；相反则取负值。铣三个字母时，编程原点取在左下角点，因此 a、b 为零。

6. 输入程序

单击“编辑”键后，再单击“PROG”程序键，可进入程序相关操作。

7. 自动加工和测量

程序输入后，按“循环启动”键进行自动加工。加工后按主菜单中的“测量”图标，进入测量界面。

2.4 拓展训练任务

2.4.1 训练任务 1

任务描述

在 90×50×25（mm）矩形块料上铣削字母 NT，如图 1-29 所示。铣深 3mm。

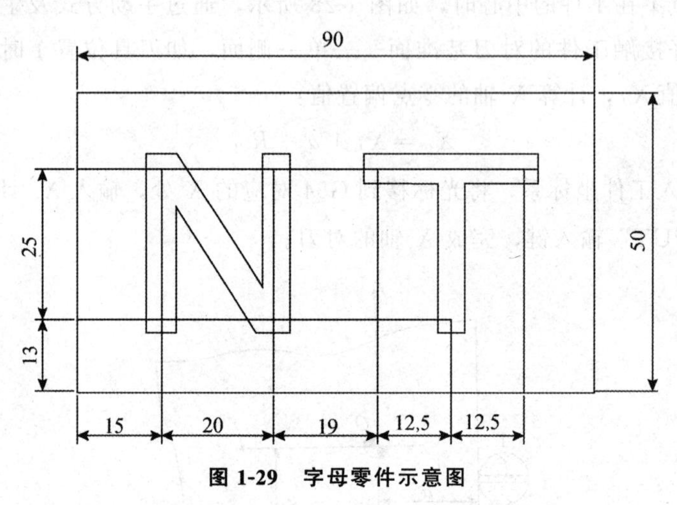

图 1-29 字母零件示意图

2.4.2　训练任务 2

任务描述

图 1-30 为字母 B 槽零件图，根据零件图选择合适的编程原点，编制加工程序，进行仿真加工。

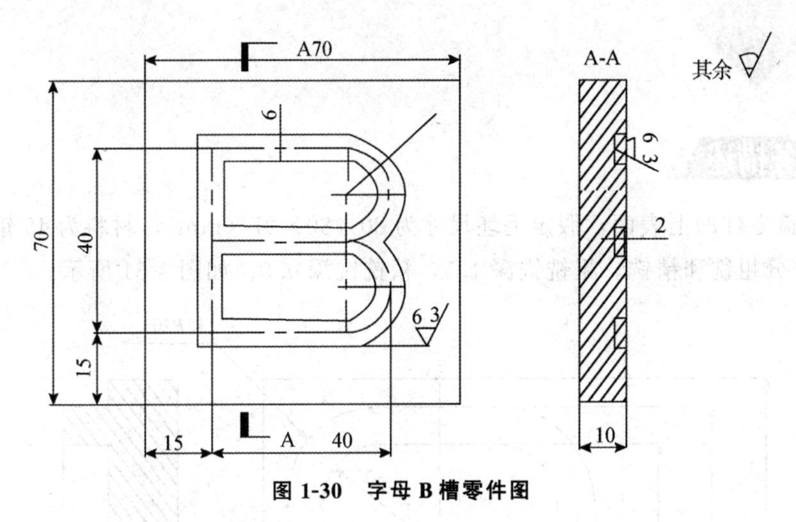

图 1-30　字母 B 槽零件图

项目3 编程铣工件的上表面

任务描述

铣端盖零件的上表面，假定毛坯尺寸为 80×80×27（mm），材料为 45 钢，要求铣深 2mm，分粗铣和精铣，粗铣铣深 1.5，精铣铣深 0.5。如图 1-31 所示。

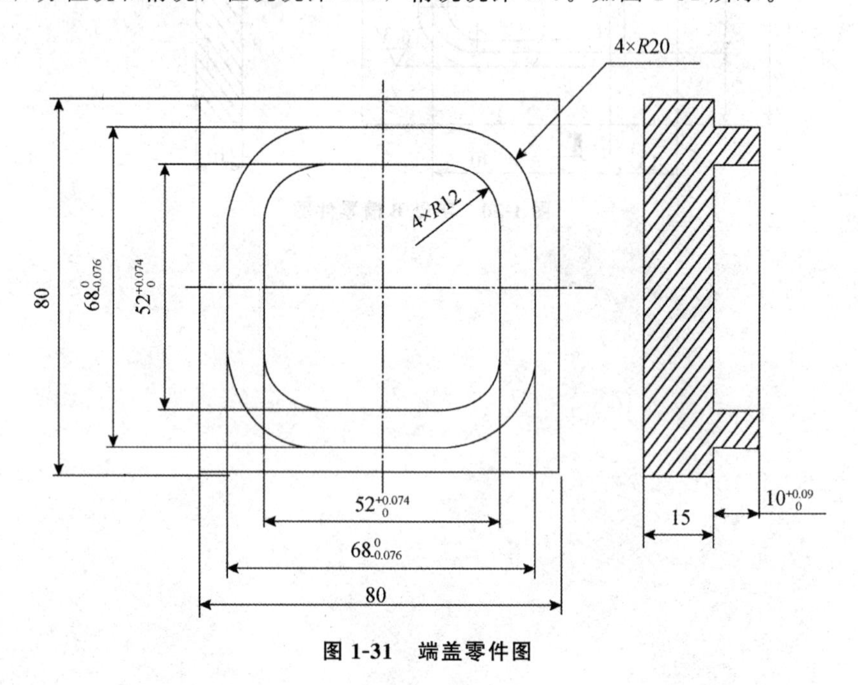

图 1-31 端盖零件图

3.1 项目任务分析

3.1.1 编程原点的选择

该工件为对称工件，因而选择工件的中心为编程原点，工件的上表面为 Z 轴零点。

3.1.2　加工刀具的选择

高速钢面铣刀按国家标准规定，直径为 80～250mm，螺旋角为 10°，刀齿数为 10～26。

硬质合金面铣刀，其铣削速度较高，加工表面质量也比较好，并且可加工表面有硬皮和淬硬层的工件，因此比高速钢应用较广。硬质合金面铣按刀齿和刀片的安装方式不同，有三种形式，其中可转位式面铣刀在数控加工中使用广泛，可转位式面铣刀的直径为 16～630mm。

铣削工件表面时，面铣刀的直径主要根据工件的宽度来选择，同时考虑机床的功率、刀齿与工件的接触形式等因素，一般来说，面铣刀的直径应比切宽大 20%～50%。也可根据机床主轴直径大小来选择，面铣刀直径 $D=1.5d$，d 为机床主轴直径。

3.1.3　夹具

因工件毛坯较小，且为矩形块料，选择机用平口钳来装夹。

(1) 机用平口钳

机用平口钳（又称虎钳）是一种方便灵活、适应性广的安装夹具，适用于安装形状比较规则、中小尺寸的零件。平口钳分机械式平口钳、气动式平口钳和液压式平口钳，当加工一般精度要求和夹紧力要求小的零件时常用机械式平口钳，如图 1-32 所示，这种平口钳是靠丝杠/螺母相对运动来夹紧工件。

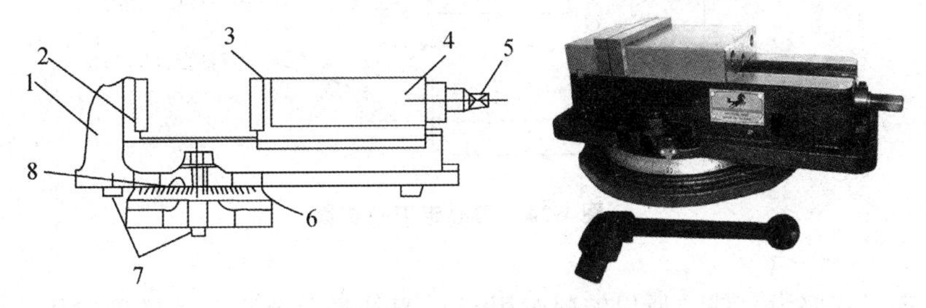

图 1-32　机用平口钳

1—钳体　2—固定钳口　3—活动钳口　4—活动钳身

5—丝杠方头　6—底座　7—定位键　8—钳体零线

(2) 工件装夹与找正

安装平口钳时必须先将底面和工作台面擦干净，利用百分表校正，使钳口与工作台的 X 轴和 Y 轴方向平行，以保证铣削精度，如图 1-33 所示。

平口钳安装好后，把工件放入平口钳内后，并在工件的下面垫上比工件窄、厚度适当且精度较高的等高垫块，用铜锤或木锤轻轻地敲击工件直到用手不能轻易推动等高垫块，然后把工件夹紧。工件应当紧固在钳口比较中间的位置，应保证工件高度的 2/3 以上处于夹持状态，否则会出现夹持不稳、定位不准、切削振动过大等问题。用平口钳装夹表面粗糙度较差的工件时，应在两钳口与工件表面之间垫一层铜皮，以免损坏钳口，并增大接触面。如图 1-33 所示。

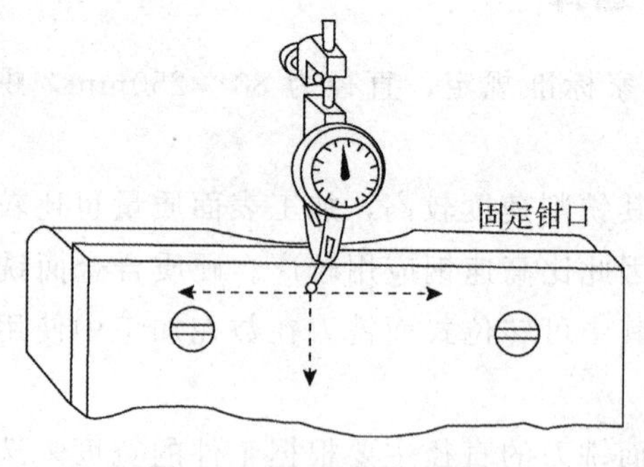

图 1-33　百分表校正钳口

3.1.4　走刀路线

铣表面时根据刀具直径大小要分几次走刀，每两个相邻走刀之间的距离按刀具直径的 70%来确定。另外下刀时，刀具的下刀位置要离开工件轮廓，离工件外轮廓的距离要大于刀具的半径值。走刀路线如图 1-34 所示。

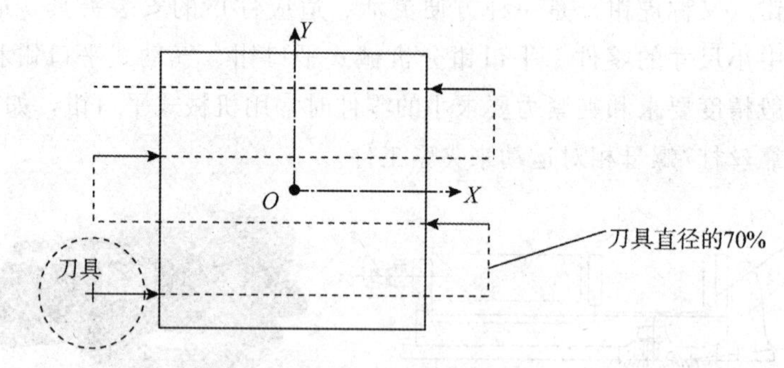

图 1-34　刀心走刀轨迹图

因为走刀线路为直线，所以铣削时用 G01 直线插补指令，不铣削时用 G00 快速移动指令。另外铣表面走刀距离固定，即刀具从左侧走到右侧，又从右侧走到左侧，距离相等，可以用相对坐标指令 G91 来编程。

3.2　零件加工相关知识

3.2.1　铣削时切削用量的选择

如图 1-35 所示，数控铣床的切削用量包括切削速度、进给速度、背吃刀量和侧吃刀量。从刀具耐用度出发，切削用量的选择方法是：先选取背吃刀量或侧吃刀量，其

次确定进给速度，最后确定切削速度。

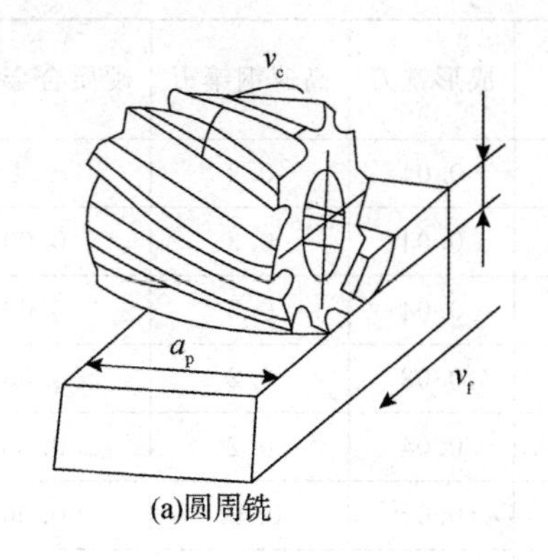

(a)圆周铣

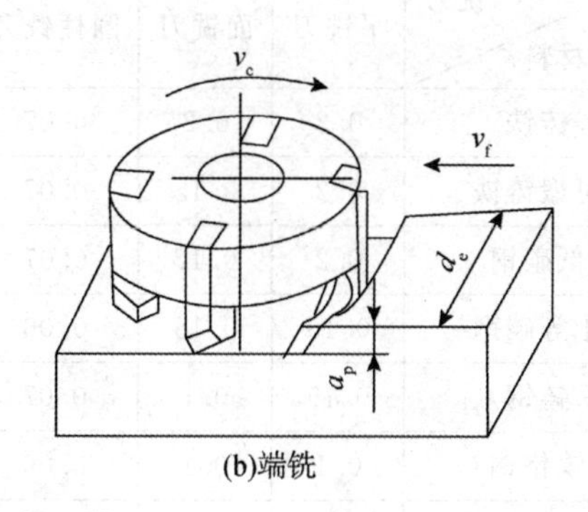

(b)端铣

图 1-35　铣削切削用量

（1）端铣背吃刀量（或周铣侧吃刀量）选择

吃刀量（a_p）为平行于铣刀轴线方向测量的切削层尺寸。端铣时，背吃刀量为切削层的深度，而圆周铣削时，背吃刀量为被加工表面的宽度。

侧吃刀量（a_e）为垂直于铣刀轴线方向测量的切削层尺寸。端铣时，侧吃刀量为被加工表面的宽度，而圆周铣削时，侧吃刀量为切削层的深度。

背吃刀量或侧吃刀量的选取，主要由加工余量和对表面质量的要求决定。粗加工时，在工艺系统刚度允许的情况下，尽量加大吃刀量，以提高加工效率。精加工时或精度要求高时，应减少吃刀量，增加走刀次数。

①工件表面粗糙度 Ra 值为 12.5～25μm 时，如果圆周铣削的加工余量小于 5mm，端铣的加工余量小于 6mm，粗铣时一次进给就可以达到要求。但在余量较大，工艺系统刚性较差或机床动力不足时，可分两次进给完成。

②在工件表面粗糙度 Ra 值为 3.2～12.5μm 时，可分粗铣和半精铣两步进行。粗铣时背吃刀量或侧吃刀量选取同①。粗铣后留 0.5～1mm 余量，在半精铣时切除。

③在工件表面粗糙度 Ra 值为 0.8～3.2μm 时，可分粗铣、半精铣、精铣三个工步。半精铣时背吃刀量或侧吃刀量取 1.5～2mm；精铣时，圆周铣侧吃刀量取 0.3～0.5mm，端铣背吃刀量取 0.5～1mm。

（2）进给速度

进给速度（ν_f）是单位时间内工件与铣刀沿进给方向的相对位移，它与铣刀转速（n）、铣刀齿数（z）及每齿进给量（f_z）的关系为：$\nu_f = f_z z n$

每齿进给量 f_z 的选取主要取决于工件材料的力学性能、刀具材料、工件表面粗糙度等因素。工件材料的强度和硬度越高，每齿进给量越小，反之则越大。硬质合金铣刀的每齿进给量高于同类高速钢铣刀。工件表面粗糙度 Ra 值越小，每齿进给量就越小，每齿进给量的确定可参考表 1-8 选取。工件刚性差或刀具强度低时，应取小值。

表 1-8 铣刀每齿进给量（单位：mm/齿）

工件材料＼铣刀	平铣刀	面铣刀	圆柱铣刀	端铣刀	成形铣刀	高速钢镶刃	硬质合金镶刃
铸铁	0.2	0.2	0.07	0.05	0.04	0.3	0.1
可锻铸铁	0.2	0.15	0.07	0.05	0.04	0.3	0.09
低碳钢	0.2	0.12	0.07	0.05	0.04	0.3	0.09
中等碳钢	0.15	0.15	0.06	0.04	0.03	0.2	0.08
铸钢	0.15	0.1	0.07	0.05	0.04	0.2	0.08
镍铬钢	0.1	0.1	0.05	0.02	0.02	0.15	0.06
高镍铬钢	0.1	0.1	0.04	0.02	0.02	0.1	0.05
黄铜	0.2	0.2	0.07	0.05	0.04	0.03	0.21
青铜	0.15	0.15	0.07	0.05	0.04	0.03	0.1
铝	0.1	0.1	0.07	0.05	0.04	0.02	0.1
Al—Si合金	0.1	0.1	0.07	0.05	0.04	0.18	0.1
Mg—Al—Zn	0.1	0.1	0.07	0.04	0.03	0.15	0.08
Al—Cu—Mg Al—Cu—Si		0.1	0.07	0.05	0.04	0.02	0.1

（3）切削速度

铣削的切削速度与刀具耐用度 T、每齿进给量 f_z、背吃刀量 a_p、侧吃刀量 a_e、铣刀齿数 Z 成反比，而与铣刀直径成正比。其原因是当 f_z、a_p、a_e、和 Z 增大时，刀刃负荷增加工作齿数也增多，使切削热增加，刀具磨损加快，从而限制了切削速度的提高。同时，刀具耐用度的提高使允许使用的切削速度降低。但加大铣刀直径 d 则可改善散热条件，因而提高切削速度。铣削加工速度可参考表 1-9 选取，也可参考相关的切削手册。

表 1-9 铣削切削速度参考表（单位：mm/min）

工件材料	铣刀材料					
	低碳钢	高速钢	超高速钢	合金钢	碳化钛	碳化钨
铝合金	75～150	180～300				300～600
镁合金		180～270				150～600
黄铜（软）	12～25	20～25		45～75		100～180
青铜	10～20	20～40		30～50		60～130
青铜（硬）		10～15	15～20			40～60

续表

工件材料	铣刀材料					
	低碳钢	高速钢	超高速钢	合金钢	碳化钛	碳化钨
铸铁（软）	10～12	15～20	18～25	28～40		75～100
铸铁（硬）		10～15	10～20	18～28		45～60
（冷）铸铁			10～15	12～18		30～60
可锻铸铁	10～15	20～30	25～40	35～45		75～110
钢（低碳）	10～14	18～28	20～30		45～70	
钢（中碳）	10～15	15～25	18～28		40～60	
钢（高碳）		180～300	12～20		30～45	
合金钢					35～80	
合金钢（硬）					30～60	
高速钢					45～70	

3.2.2　*Z* 轴方向下刀方式

数控铣削时刀具要沿 *Z* 轴方向下刀，在未接近工件时刀具可以以 G00 方式快速移动刀具，以缩短下刀时间。当刀具接近工件时则要改为 G01 方式以进给速度移动刀具，以免撞刀。

（1）起始平面、返回平面、进刀平面、退刀平面和安全平面

①起始平面

起始平面是指程序开始时刀具初始位置所在的 *Z* 平面，一般定义在被加工零件的最高点之上 50～100mm 左右的某一位置上，一般高于安全平面。

②返回平面

是指程序结束时，刀具尖点（不是刀具中心）所在的 *Z* 平面，一般与起始平面重合。

③进刀平面

刀具以高速（G00）下刀至快要切到材料时变成以进给速度下刀，以免撞刀，此速度转折点的位置即为进刀平面。

④退刀平面

零件（或零件区域）加工结束后，刀具以切削进给速度离开工件表面一段距离（5～10mm）后转为以高速（G00 方式）返回安全平面，此转折位置即为退刀平面。

⑤安全平面

当一个曲面切削完毕后，刀具沿刀轴方向返回运动一段距离后，刀尖所在的 *Z* 平面。它一般被定义在高出被加工零件最高点 10～50mm 左右的某个位置上。

（2）刀具的下刀方式

刀具的下刀方式指的是 Z 轴方向下刀方式，如图 1-36 所示。

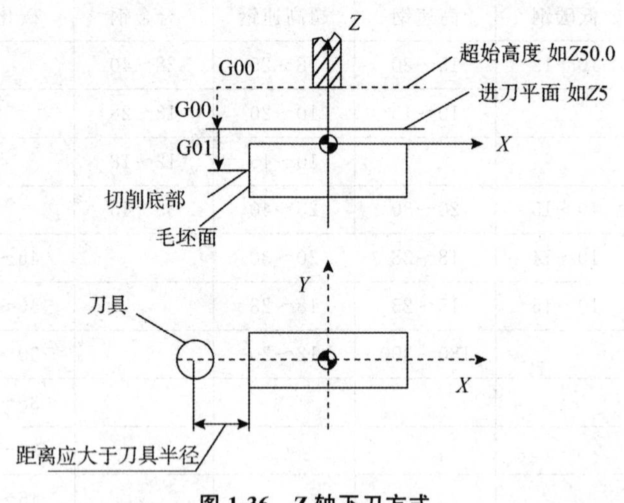

图 1-36　Z 轴下刀方式

3.2.3　编程指令

当铣削平面宽度尺寸较大时，刀具沿 Y 轴方向走刀次数较多，编程时 X 轴方向尺寸重复编写，为简化编程，可采用子程序方式来编程，即将两相邻的刀心轨迹作为一个块来编写一个程序，这个程序为子程序，而在另一程序中来调用。

（1）子程序的格式

子程序的的程序格式与主程序基本相同，第一行为程序名，最后一行用 M99 结束，而不是 M02 或 M30。M99 表示子程序结束并返回到主程序或上一级子程序。

O××××

……

M99

（2）子程序的调用

子程序可以在自动方式下调用，其程序段格式为：

M98 P△△△××××（FANUC 系统）

或 M98 P×××× L△△△（华中系统）

其中：

△△△—子程序重复调用次数，取值范围为 1～999，若调用一次子程序，可省略。

××××—被调用的子程序号。当调用次数大于 1 时，子程序号前面的 0 不可以省略。例如：M98P50020 表示调用程序号为 0020 的子程序 5 次；M98P20 表示调用程序号为 0020 的子程序 1 次。

(3) 子程序调用形式

子程序调用时，程序执行如图 1-37 所示，以 M98 P△△△××××格式为例。

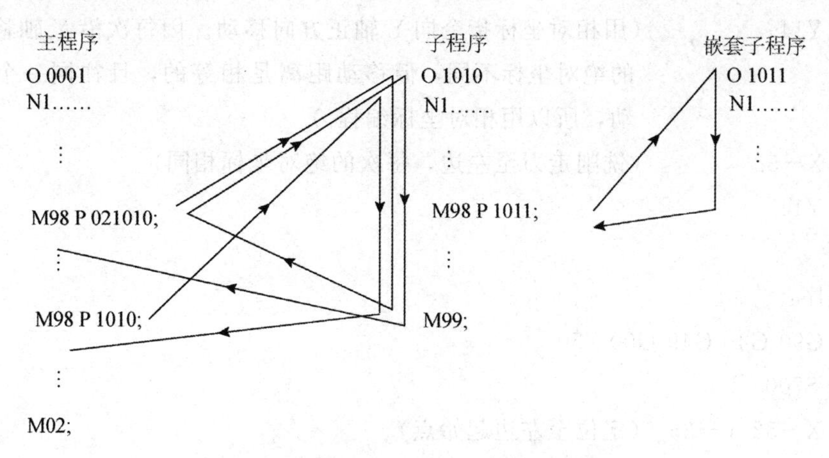

图 1-37　子程序调用时程序执行情况

如图 1-37 所示，当主程序 O0001 执行到指令 M98 程序段时，程序转而执行子程序 O1010 两次后到 M99 指令，返回到主程序。

注意：

编写子程序时要考虑刀具轨迹的连续性，分析各节点间的相对距离和绝对位置，为确保子程序在循环执行时定位点的准确性，有时要采用 G91 增量坐标编程，以确保定位准确，以免引起失误。在相对位置一定时，G91 增量坐标编程要比 G90 绝对坐标编程方便。

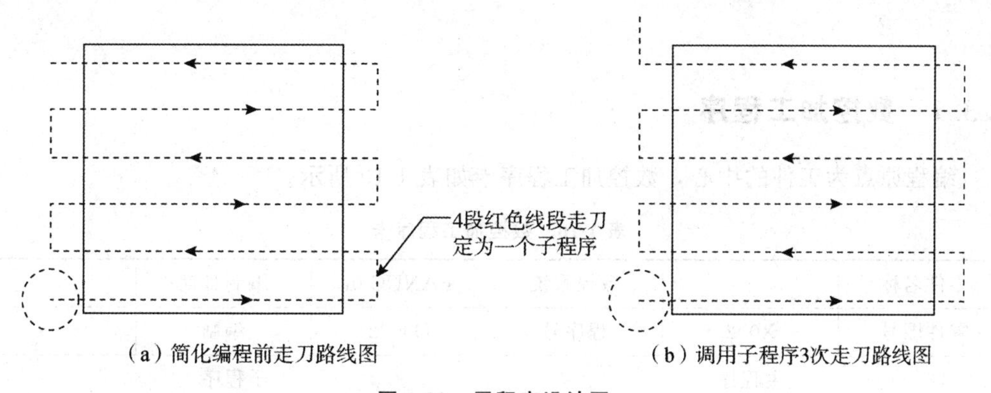

(a) 简化编程前走刀路线图　　(b) 调用子程序3次走刀路线图

图 1-38　子程序设计图

(4) 子程序应用

根据前面零件图及编程原点的设定，刀具定位点在零件的左下角点，坐标为（−52，−35），选择 ϕ20 平底铣刀。

子程序：(假定刀具已定位到 X−52 Y−35 Z−1.5 处)

O1010
G90 G01 X52 F80 （铣削走刀至右边，每次的绝对坐标相同）
G91 Y14 （用相对坐标指令向 Y 轴正方向移动。因每次沿 Y 轴移动节点的绝对坐标不同，但移动距离是相等的，且往同一个方向移动，所以用相对坐标编程。）
G90 X－52 （铣削走刀至左边，每次的绝对坐标相同）
G91 Y14
M99
主程序：
G54 G90 G40 G49 G00 Z50
M03 S700
G00 X－52 Y－35 （定位至左边起始点）
G0 Z5 （快速下刀至进刀平面）
G01 Z－1.5 F80 （进给速度下刀至铣削深度）
M98 P031010 （调用程序号为 1010 的子程序 3 次）
G0 Z100 （抬刀）
M05
M30

3.3 项目实施

3.3.1 数控加工程序

编程原点为工件的中心，数控加工程序卡如表 1-10 所示。

表 1-10 数控加工程序卡

零件名称		数控系统	FANUC 0i	编制日期	
零件图号	X002	程序号	O0022	编制	
主程序			子程序		
O0022 N10 G54 G90 G40 G49 G00 Z50 N20 M03 S700 N30 X－52 Y－35 N40 Z5			程序名 选择坐标系、刀具起始平面 起始点 进刀平面		

续表

零件名称		数控系统	FANUC 0i	编制日期	
N40 G01 Z−1.5 F80 N50 G90 X52 N60 G91 Y14 N70 G90 X−52 N80 G91 Y14 N90 G90 X52 N100 G91 Y14			下刀至1.5mm深 G90绝对坐标，铣至工件右侧 G91，沿 Y 轴正向移动，距离为刀具直径的75% 铣至工件左侧		
N110 G90 X−52 N120 G91 Y14 N130 G90 G01 X52 N140 G91 Y14 N150 G90 X−52 N160 G0 Z100 N170 M05 N180 M30			 提刀 主轴停 程序结束		

若将程序中走刀轨迹改为相对坐标编程，则程序卡如表1-11所示。

表1-11　数控加工程序卡

零件名称		数控系统	FANUC 0i	编制日期	
零件图号	X002	程序号	O0023	编制	
程序内容			程序说明		
O0023 N10 G54 G90 G40 G49 G00 Z50 N20 M03 S700 N30 X−52 Y−35 N40 Z5			程序名 选择坐标系、刀具起始平面 起始点 进刀平面		
N40 G01 Z−1.5 F80 N50 G90 X52 N60 G91 Y14 N70 X−104 N80 Y14 N90 X104 N100 Y14			下刀至1.5mm深 G90绝对坐标，铣至工件右侧 G91，沿 Y 轴正向移动，距离为刀具直径的75% 铣至工件左侧		

续表

零件名称		数控系统	FANUC 0i	编制日期	
N110 X－104 N120 Y14 N130 X104 N140 Y14 N150 X－104 N160 G0 Z100 N170 M05 N180 M30			 提刀 主轴停 程序结束		

若应用子程序编程，则程序如表 1-12 所示。

表 1-12　数控加工程序卡

零件名称		数控系统	FANUC 0i	编制日期	
零件图号	X002	程序号	O0024，O1010	编制	
主程序			子程序		
O0022 N10 G54 G90 G40 G49 G00 Z50 N20 M03 S700 N30 X－52 Y－35 N40 Z5 N50 G01 Z－1.5 F80 N50 M98 P031010 N60 G90 G0 Z100 N70 M05 N80 M30			O1010 G90 G01 X52 F80 G91 Y14 G90 X－52 G91 Y14 M99		

比较铣表面的三个程序，采用子程序编程时程序最简化。

3.3.3　试加工与调试

试加工与调试步骤如下。

（1）开机，进入数控加工仿真系统；

（2）回零；

（3）工件装夹与找正，并进行对刀；

（4）输入程序，并进行调试加工；

（5）自动加工；

（6）测量工件。

3.4　拓展训练任务

任务描述

根据图 1-1 零件图，编制零件铣表面加工程序，进行仿真加工。

学习单元二

轮廓类零件的加工

项目1 端盖零件的外轮廓加工

任务描述

图 2-1 为端盖零件，上下表面及 4 个侧面已加工完，此任务只需加工零件的外轮廓，材料为 45 钢。

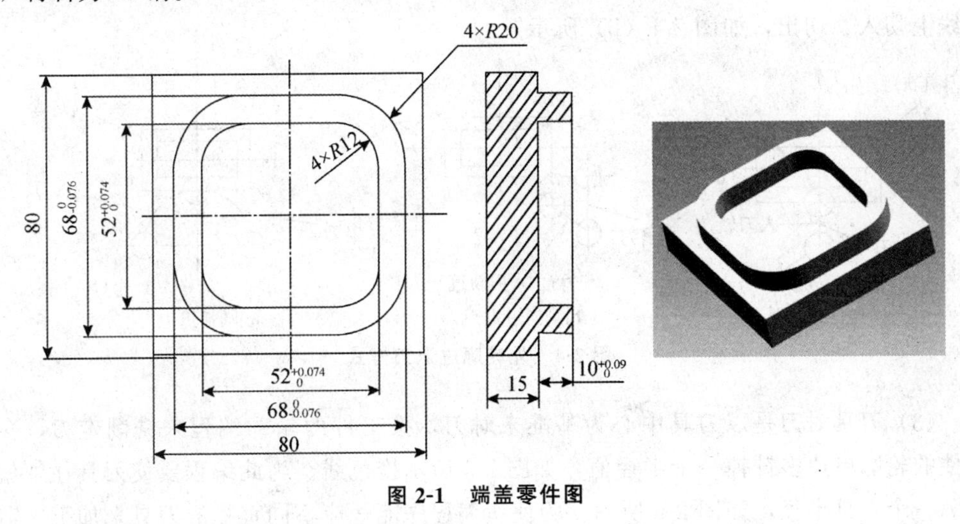

图 2-1 端盖零件图

1.1 项目任务分析

（1）需要加工的外轮廓由直线和圆弧组成，因此轮廓加工用直线插补指令 G01 和圆弧插补指令 G02/G03。工件为对称工件，选择工件中心为编程原点，如图 2-2 所示。图中各点为直线、圆弧几何元素的交点，称为基点，编程时要把基点坐标值计算好。坐标简图如图 2-3 所示。

（2）外轮廓的深度尺寸为 10mm，若每次铣深为 5mm，需下刀 2 次。铣外轮廓时从轮廓外切入，切入方式有三种，分为垂直进退刀方式、侧向进退刀方式和圆弧进退刀方式。进退刀方式如图 2-4 所示。

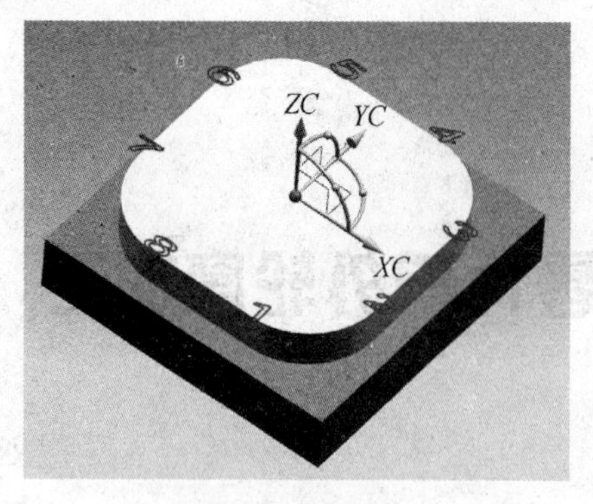

图 2-2　编程原点

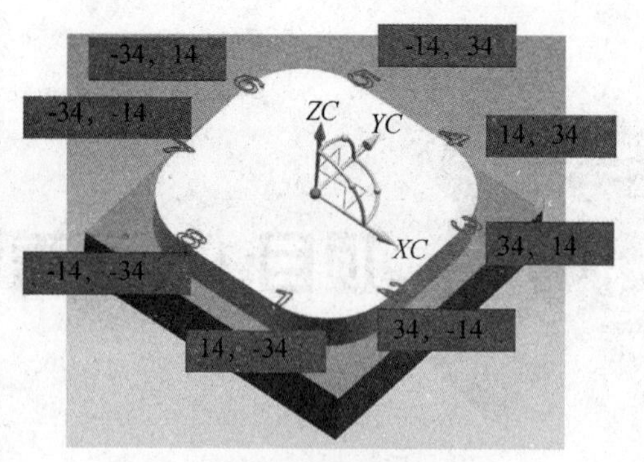

图 2-3　坐标简图

垂直进退刀方式和圆弧进退刀方式选择轮廓中点切入，入刀轨迹的距离要大于刀具半径值，以避免刀具快速下刀时碰到工件损坏刀具。侧向进退刀方式则从轮廓的延长线上切入、切出，如图 2-4（b）所示。

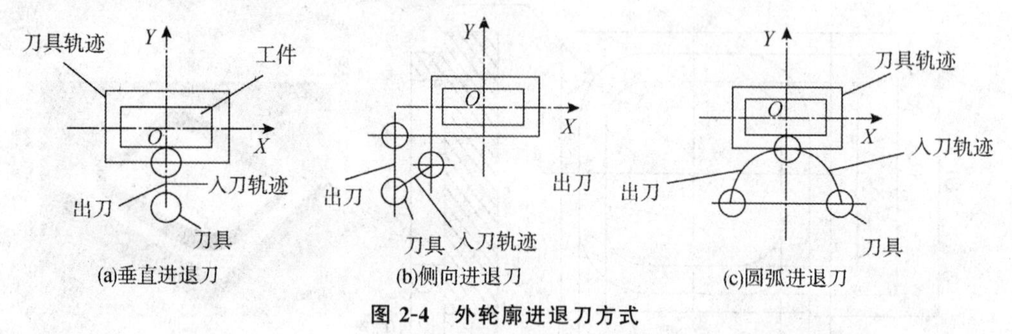

图 2-4　外轮廓进退刀方式

（3）刀具对刀是以刀具中心为基准来对刀，按工件的轮廓编程来铣削走刀，会使工件的轮廓单边多铣掉一个半径值，如图 2-5 所示橙色线。为此编程要使刀具往外偏离轮廓一个刀具半径，如图 2-6 所示。为使所编程序能适应不同直径的刀具来加工，需要应用刀具半径补偿功能指令，即 G41、G42 刀具半径补偿指令，使轮廓加工时，不同直径的刀具都能使用同一个程序来实现零件的加工。

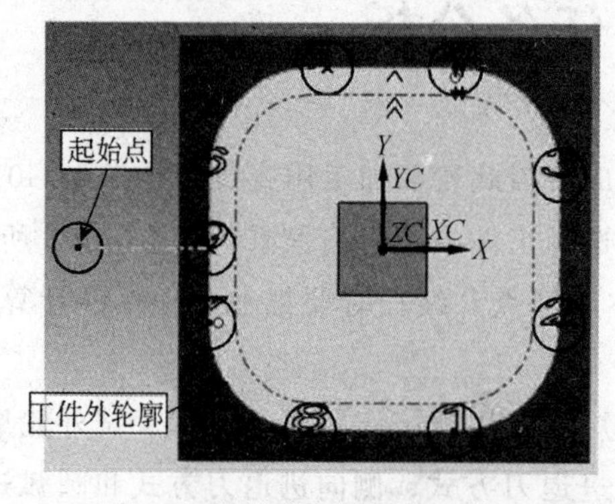

图 2-5　按外轮廓编程走刀过切

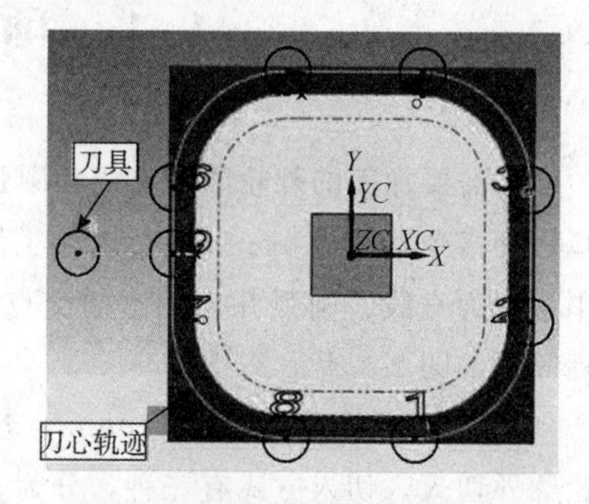

图 2-6　刀具向轮廓外偏移半径值

（4）加工刀具的选择

铣削凸台、凹槽、小平面、曲面等可以选择立铣刀来加工。立铣刀的圆柱表面和端面上都有切削刃，圆柱表面的切削刃为主切削刃，端面上的切削刃为副切削刃。其结构如图 2-7 所示。主切削刃一般为螺旋齿，这样可以增加切削平稳性，提高加工精度。由于普通立铣刀端面中心处无切削刃，所以立铣刀不能作轴向进给，端面刃主要用来加工与侧面相垂直的底平面。

①立铣刀的结构

• 切削刃：端部切削刃分过中心刃和不过中心刃。过中心刃的立铣刀可直接轴向进刀。如图 2-5 所示的刀具为不过中心刃的立铣刀，圆周刃为主切削刃。

• 螺旋角：有 30°、40°、60°等形式。

• 齿数：有粗齿、中齿、细齿三种

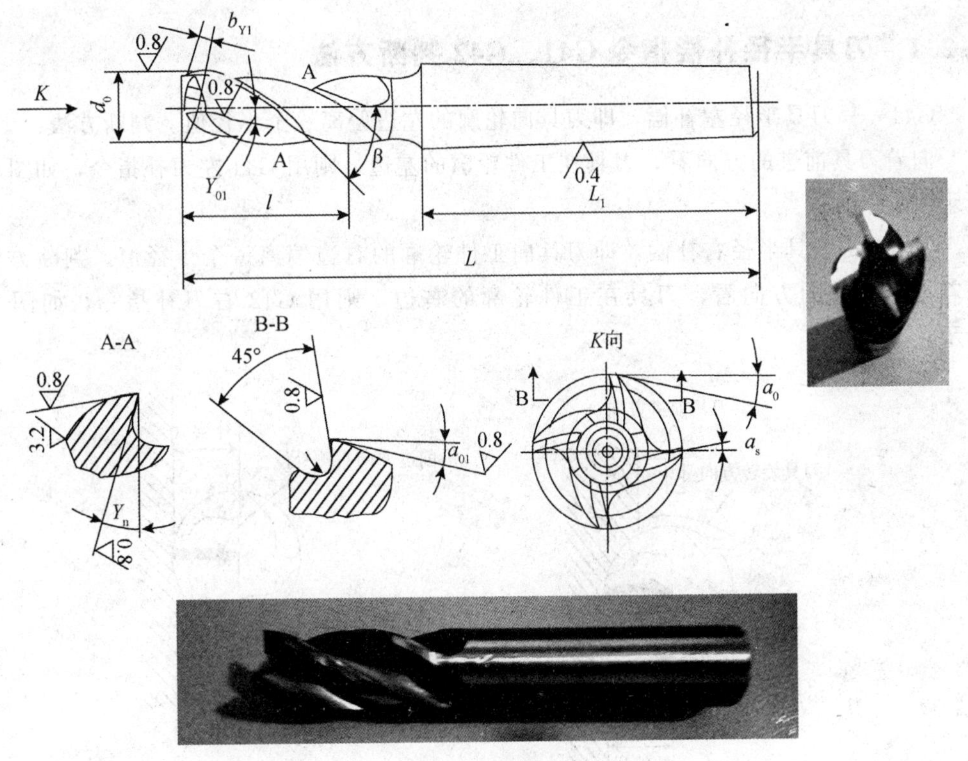

图 2-7　立铣刀

②立铣刀的选用

选择立铣刀时，主要考虑刀具的尺寸与工件的表面尺寸与形状相适应。主要结构参数有：直径、长度、刃数和螺旋角。

• 立铣刀直径选择：一般按零件内轮廓表面最小曲率半径的（0.8－0.9）倍来选取。

• 立铣刀切削刃长度的选择：对于不通孔或深槽按 $L=H+$（5－10）mm 公式来选取，

L 为刀具切削部分长度，H 为零件高度。对于通孔或通槽按 $L=H+r_c$（5—10）mm 公式来选取，r_c 为刀尖角半径，其他符号与上式相同。

• 立铣刀刃数的选择：常用立铣刀的刃数一般为 2、3、4、6、8 几种，刃数少，容屑槽空间大，排屑效果好。一般开粗时，首先要保证容屑空间及刀齿强度，应采用刃数少的立铣刀。精铣时选用刃数多的立铣刀来加工。

• 螺旋角的选择：粗加工时，选择螺旋角大的立铣刀来加工；精加工时选用螺旋角小的立铣刀来加工。

1.2 刀具半径补偿的应用

1.2.1 刀具半径补偿指令 G41、G42 判断方法

G41——刀具半径左补偿，即刀具向轮廓的左边偏离一个半径值。判断方法：

向着刀具前进的方向看，刀具在工件轮廓的左边，则用 G41 左刀补指令，如图 2-8 所示。

G42——刀具半径右补偿，即刀具向工件轮廓的右边偏离一个半径值。判断方法：向着刀具前进的方向看，刀具在工件轮廓的右边，则用 G42 右刀补指令，如图 2-9 所示。

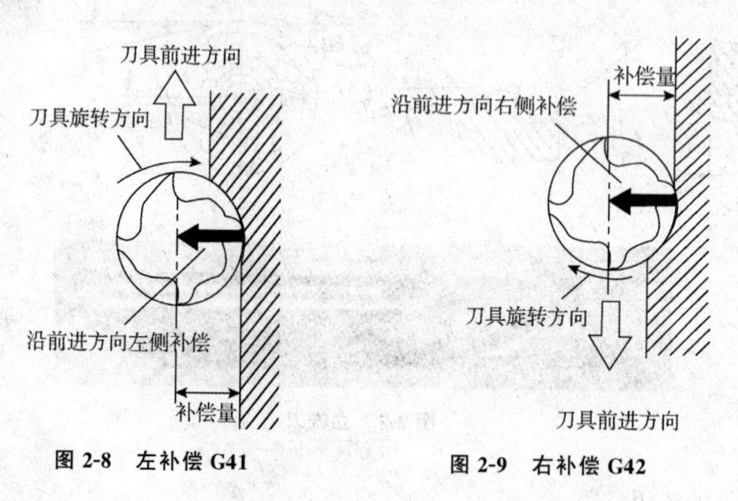

图 2-8　左补偿 G41　　　　图 2-9　右补偿 G42

图 2-10 为端盖零件外轮廓走刀路线，如图 2-10（a）所示刀具从切入点 9 沿顺时针方向移动到点 6、点 5 等各个基点后回到点 9，刀具要向左偏移一个半径值，则要选择 G41 左补偿指令。而图 2-10（b）中刀具从切入点 9 沿逆时针方向移动到点 7、点 8 等各个基点后回到点 9，刀具要向右偏移一个半径值，则要选择 G42 右补偿指令。

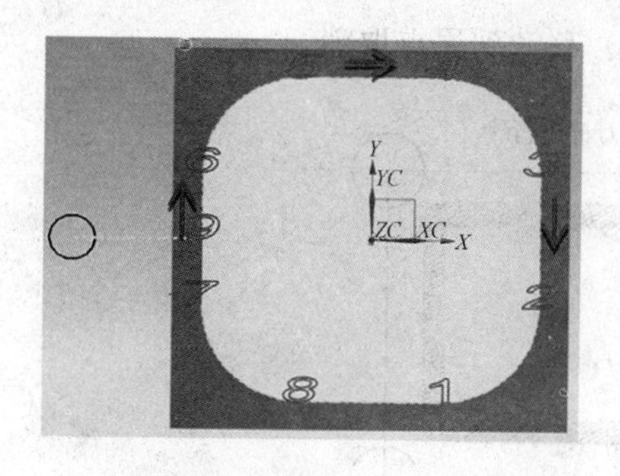

(a)铣外轮廓顺时针走刀G41

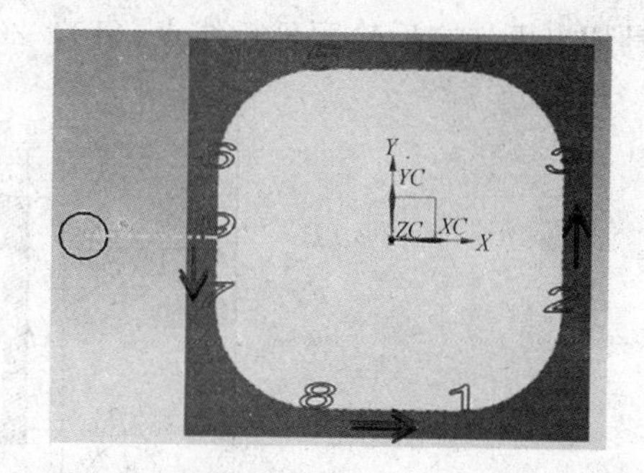

(b)铣外轮廓逆时针走刀G42

图 2-10　端盖零件外轮廓走刀路线

1.2.2　刀具半径补偿编程格式

（1）建立刀补格式：G41/G42 G00/G01 X Y D

——X、Y 值为建立刀补直线段的终点坐标值

——D 为刀补半径存储地址字，用来调用刀具半径补偿偏置值。后接两位数字，如 D02，表示调用对应番号为 2 号位的刀具半径值，如图 2-11 所示。执行刀具补偿指令 G41、G42 时，注意要事先在如图 2-12 所示的刀补表形状（D）中存入刀具半径值。

工具补正　　O　　N

番号	形状(H)	摩耗(H)	形状(D)	摩耗(D)
001	0.000	0.000	0.000	0.000
002	0.000	0.000	6.200	0.000
003	0.000	0.000	6.000	0.000
004	0.000	0.000	0.000	0.000
005	0.000	0.000	0.000	0.000
006	0.000	0.000	0.000	0.000
007	0.000	0.000	0.000	0.000
008	0.000	0.000	0.000	0.000

现在位置(相对座标)

X　-500.000　Y　-250.000　Z　0.000

>　　S　0　　1

REF　****　***　***

[NO检索] [测量] [　　] [+输入] [输入]

图 2-11　刀具半径补偿值存储位置

（2）取消刀补格式：G40 G00/G01 X—Y—

——X、Y 值为取消刀补直线段的终点坐标值

（3）刀具半径补偿的过程

刀具半径补偿的过程分为三个部分：建立补偿、刀补进行和刀补取消。如图 2-12 所示。图中虚线刀补引入线段为建立刀补的线段，由原点（0，0）移到点（20，10），在工件轮廓之外延长线上完成刀补的建立；虚线中刀补取消线段为取消刀补的线段，

在刀具切出工件之后轮廓延长线点（10，20）移动到原点取消。

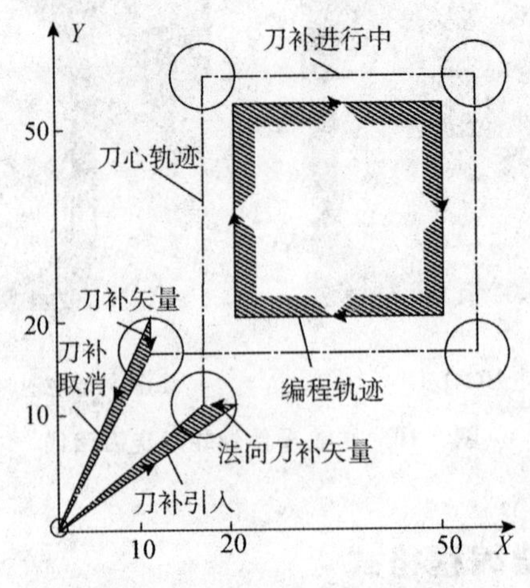

图 2-12　刀具半径补偿的过程

实现刀补过程的程序。

O2111

N1 G90 G54 S600 M03 G00 Z100

N2 X0 Y0　　刀具移动至原点位置

N3 Z2

N4 G01 Z－5 F80

N5 G0l G41 X20 Y10 D01　　建立刀补程序段，点（20，10）为建立刀补线段的终点

N6 Y50　　刀补进行

N7 X50　　刀补进行

N8 Y20　　刀补进行

N9 X10　　刀具切出工件轮廓外，轮廓延长线上

N10 G40 X0 Y0 G40　　刀补指令，移动至原点时完成取消刀补动作

N11 G00 Z100

N12 M05

N13 M30

①刀补建立

当 N5 程序段中 G41 和 DO1 指令出现后，运算装置即同时先读入 N6、N7 两个程序段，在 N6 程序段的终点作出一个矢量，该矢量的方向与下一个程序段 N7 的前进方向垂直向左，大小等于刀补值，即 D01 中的值。刀具中心在执行 N7 这一段时，就移向该矢量的终点，如图 2-12 所示中刀补引入线段法向矢量所示。

②刀补取消

在 N9 程序段的终点，刀具中心停在刀补矢量终点位置，当 N10 程序段中有 G40

指令后，刀具从当前位置一边取消刀补一边移向 N10 程序段的终点。

特别注意：在程序段出现了 G41、G42 和 D01 刀补建立开始后，若存在连续两段以上非刀补平面的移动指令，则会产生过切现象。如将程序 O2111 中的程序段 N3、N4、N5 顺序调整一下，则会出现如图 2-13 所示的过切现象。

O2112

N1 G90 G54 S600 M03 G00 Z100

N2 X0 Y0　　　　　　刀具移动至原点位置

N3 G0l G41 X20 Y10 D01　建立刀补程序段，点（20，10）为建立刀补线段的终点

N4 Z2

N5 G01 Z－5 F80

N6 Y50　　　　　　　刀补进行

N7 X50　　　　　　　刀补进行

N8 Y20　　　　　　　刀补进行

N9 X10　　　　　　　刀具切出工件轮廓外，轮廓延长线上

N10 G40 X0 Y0 G40　　刀补指令，移动至原点时完成取消刀补动作

N11 G00 Z100

N12 M05

N13 M30；

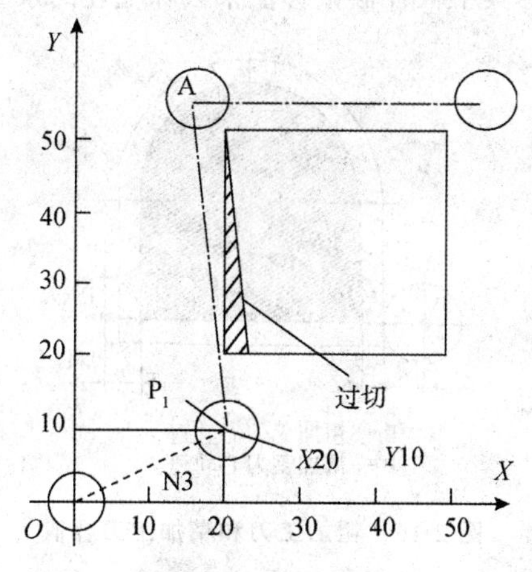

图 2-13　过切现象

原因分析：N3 程序段建立刀补后，只能读入 N4、N5 程序段，但这两个程序段只有 *Z* 轴方向移动，而无刀补平面 *X*、*Y* 轴方向移动，因而确定不了刀具的前进方向，无法作出偏移矢量，在 N3 程序段的终点 P_1 处不能加上刀补。在点 P_1 处执行完 N4、N5 程序段后，再执行 N6 程序段时，则从点 P_1 移动至点 A，则产生过切。

（4）刀具半径补偿的其他应用

①刀具因磨损、重磨、换新刀而引起刀具直径改变后，不必修改程序，只需在刀具参数设置中输入变化后的刀具直径。如图 2-14 所示，1 为未磨损刀具，2 为磨损后刀具，两者直径不同，只需将刀具参数表中的刀具半径 $r1$ 改为 $r2$，即可适用同一程序。

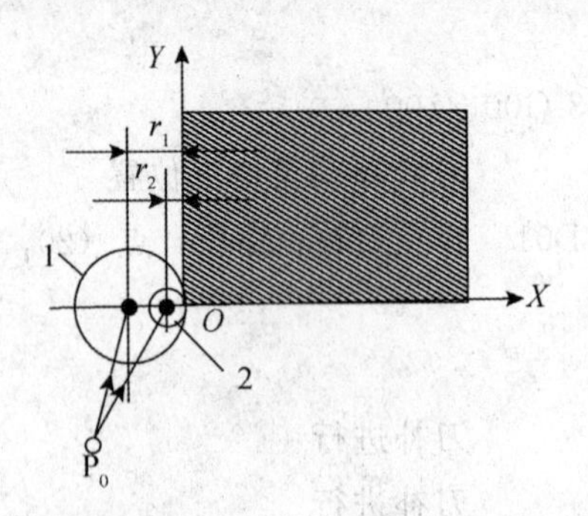

图 2-14　不同直径刀具同一程序

1—未磨损刀具　2—磨损刀具

②用同一程序、同一尺寸的刀具，利用刀具半径补偿，可进行粗精加工。如图 2-15 所示，刀具半径 r，精加工余量 Δ。粗加工时，输入刀具半径补偿值（r＋Δ），则加工出点划线轮廓；精加工时，用同一程序，同一刀具，但输入刀具半径补偿值 r，则加工出实线轮廓。另外，利用改变刀具半径补偿偏移值来去除毛坯的余量。

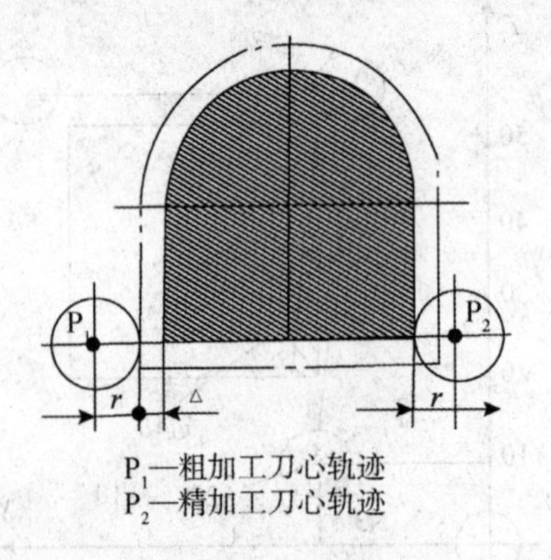

图 2-15　粗加工刀和精加工刀补值

1.3　铣削方式

铣削方式有顺铣和逆铣两种方式。

顺铣时，刀具的旋转方向和工件进给方向相同，如图 2-16 所示。顺铣开始时刀具的切削厚度是最大的，切削力指向工作台面，有利于工件的夹紧。

逆铣时，刀具的旋转方向与工件进给方向相反，如图 2-17 所示。逆铣时切削厚度刚开始为 0，切削结束时切削厚度最大，切削力指向工作台的上方，不利于工件的夹紧，因此逆铣时工件要完全夹紧。

当工件表面无硬皮，机床进给机构无间隙时，应选用顺铣，按照顺铣安排进给路线。因为采用顺铣加工后，零件已加工表面质量好，刀齿磨损小。精铣时，应尽量采用顺铣。

当工件表面有硬皮，机床的进给机构有间隙时，应选用逆铣，按照逆铣安排进给路线。因为逆铣时，刀齿是从已加工表面切入，不会崩刀；机床进给机构的间隙不会引起振动和爬行。

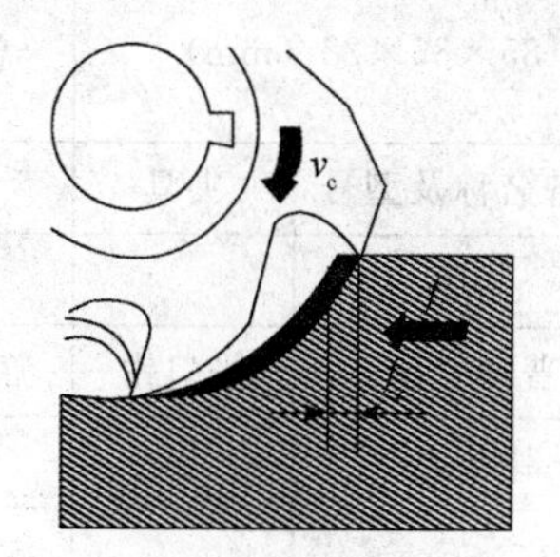

图 2-16　顺铣

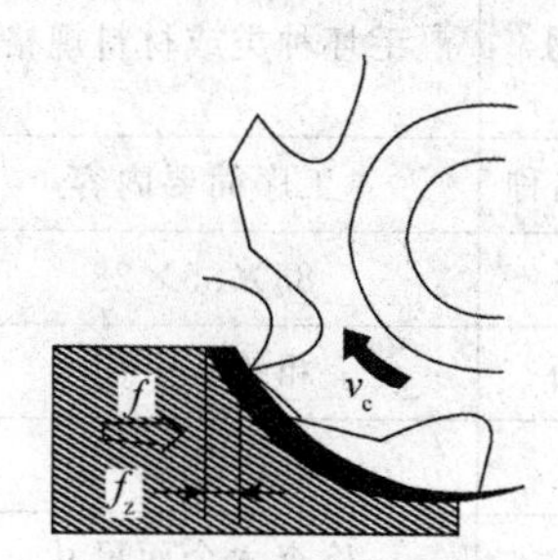

图 2-17　逆铣

1.4　项目实施

1.4.1　零件加工工艺分析

零件的加工内容包括由直线和圆弧组成的凸台和型腔。根据零件标注尺寸精度及表面粗糙度要求，零件粗加工后还要进行精加工。

1.4.2　零件加工工艺方案

（1）确定工件的定位基准。

以工件的底面和两侧面为定位基准。

（2）拟定工艺路线

1）按 85×85×28（mm）下料。

2）在普通铣床上铣削 6 个面，保证 80×80×25（mm）尺寸。

3）去毛刺。

4）在加工中心或数控铣床上粗、精铣内外轮廓，铣至尺寸。

5）去毛刺。

6）检验。

1.4.3 编制数控加工技术文档

（1）机械加工工艺过程卡。

机械加工工艺过程卡如表 2-1 所示。

表 2-1 机械加工工艺过程卡

机械加工工艺过程卡			产品名称	零件名称	零件图号	
				端盖		
材料名称及牌号	45 钢	毛坯种类或材料规格	85×85×28（mm）		总工时	
工序号	工序名称	工序简要内容	设备名称及型号	夹具	量具	工时
10	下料	85×85×28	锯床		钢尺	
20	铣面	粗铣 6 个面	普通铣床	平口钳	游标卡尺	
30	钳	去毛刺	钳工台			
40	检验	检查六个面尺寸			游标卡尺	
50	数铣	粗铣凸台、型腔留精铣余量；精铣凸台型腔至尺寸要求	加工中心	平口钳	游标卡尺 千分尺	
60	钳	去毛刺	钳工台		去毛刺刀	
70	检	按图纸要求检测尺寸			游标卡尺 千分尺	
编制		审核	批准		共 页	第 页

（2）数控加工工序卡。

数控加工工序卡如表 2-2 所示。

表 2-2 数控加工工序卡

<table>
<tr><td colspan="6" rowspan="2">数控加工工序卡</td><td colspan="2">产品名称</td><td colspan="2">零件名称</td><td colspan="2">零件图号</td></tr>
<tr><td colspan="2"></td><td colspan="2">端盖</td><td colspan="2"></td></tr>
<tr><td>工序号</td><td>50</td><td>程序编号</td><td>O0021</td><td>材料</td><td>45 钢</td><td colspan="2">夹具名称</td><td colspan="2">平口钳</td><td>加工设备</td><td></td></tr>
<tr><td rowspan="2">工步号</td><td colspan="3" rowspan="2">工步内容</td><td colspan="5">切削用量</td><td colspan="2">刀具</td><td>量具</td></tr>
<tr><td>V_C (m/min)</td><td>n (r/min)</td><td>f (mm/min)</td><td colspan="2">a_p (mm)</td><td>编号</td><td>名称</td><td>名称</td></tr>
<tr><td>1</td><td colspan="3">粗铣凸台、型腔留精铣余量 0.5mm</td><td>20</td><td>350</td><td>80</td><td colspan="2">2.5</td><td>T1</td><td>ϕ20 立铣刀</td><td>游标卡尺</td></tr>
</table>

续表

数控加工工序卡				产品名称		零件名称	零件图号	
						端盖		
	精铣凸台轮廓、型腔轮廓，铣至尺寸要求	30	500	60	5	T2	ϕ20 立铣刀	游标卡尺 千分尺
编制		审核		批准			共　页	第　页

1.4.4　数控加工程序

（1）外轮廓开粗加工程序

设计两种外轮廓的走刀路线，一种从零件轮廓的中点切入，另一种从左下角点切入工件，如图 2-18 所示。

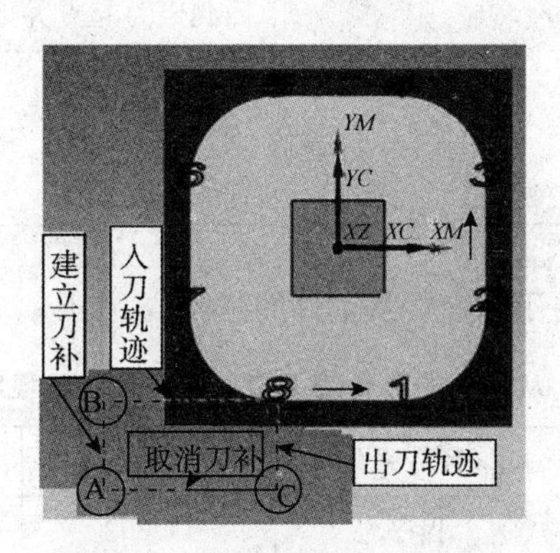

图 2-18　从轮廓左下角点切入

从零件轮廓的中点切入的开粗程序如表 2-3 所示。程序中 Z 轴方向下刀 2.5mm 深，而凸台高 10mm，要分 4 次层铣，每铣削一层，改变 Z 轴的下刀深度，再运行程序。

表 2-3　从中间点切入的数控加工程序卡 1

零件名称	端盖	数控系统	FANUC 0i	编制日期	
零件图号		程序号	O0201	编制	
程序内容			程序说明		
O0201 G54 G90 G40 G0 Z50 M03 S350 G0 X−55 Y0 Z5			程序名 选择坐标系、刀具起始平面 走刀时建立刀补起点，轮廓中点延长线上		

续表

零件名称	端盖	数控系统	FANUC 0i	编制日期	
N40 G01 Z−2.5 F80 G41 G01 X−34 D01 Y14 G02 X−14 Y34 R20 G01 X14 G02 X34 Y14 R20 G01 Y−14 G02 X14 Y−34 R20 G01 X−14 G02 X−34 Y−14 R20 G01 Y10 X−55 N50 G40 Y0			 移到至轮廓中点建立刀补，顺铣方式 刀补进行中，铣削轮廓 刀补进行，铣削轮廓 若铣至 Y0 则会有残余，要再移动一定距离 切出工件 回到走刀起点并取消刀补		
G0 Z100 M05 M30			快速提刀 主轴停 程序结束		

若将走刀的起始点选为左下角点，从工件的延长线上切入，则开粗程序如表 2-4 所示。

表 2-4　从工件的延长线上切入的数控加工程序卡 2

零件名称	端盖	数控系统	FANUC 0i	编制日期	
零件图号		程序号	O0202	编制	
程序内容			程序说明		
O0202 G54 G90 G40 G0 Z50 M03 S350 G0 X−55 Y−55 Z5			程序名 选择坐标系、刀具起始平面 轮廓左下角点外		
N40 G01 Z−2.5 F80 G42 G01 Y−34 D01 X14 G03 X34 Y−14 R20 G01 Y14 G03 X14 Y34 R20 G01 X−14 G03 X−34 Y14 R20 G01 Y−14 G03 X−14 Y−34 R20 G01 Y−55 N50 G40 X−55			 移至轮廓延长线上建立刀补，逆铣方式 刀补进行中，铣削轮廓 刀补进行，铣削轮廓 切出工件 回到走刀起点并取消刀补		

续表

零件名称	端盖	数控系统	FANUC 0i	编制日期	
G0 Z100 M05 M30			快速提刀 主轴停 程序结束		

上面两个程序均铣削一层后要改变 Z 轴方向下刀，每次递进下刀深度为 2.5mm，要在程序中改变 Z 坐标。为编程及操作方便，利用子程序来实现 Z 轴方向间歇下刀，注意建立刀补和取消刀补在子程序中完成。程序如表 2-25 所示。

表 2-5　应用子程序简化的外轮廓数控加工程序卡 3

零件名称	端盖	数控系统	FANUC 0i	编制日期	
零件图号		程序号	O0203、O0204	编制	
主程序			子程序 （将原程序 O0202 中的 N40 至 N50 之间程序段作为子程序内容）		
O0203 G54 G90 G40 G0 Z50 M03 S350 G0 X－55 Y－55 Z5 G01 Z0 F80（轮廓外下刀至工件表面） M98 P040204 G90 G0 Z100 M05 M30			O0204 N40 G91 G01 Z－2.5 F80（下刀采用相对坐标，分层下刀） G90 G42 G01 Y－34 D01（走轮廓绝对坐标） X14 G03 X34 Y－14 R20 G01 Y14 G03 X14 Y34 R20 G01 X－14 G03 X－34 Y14 R20 G01 Y－14 G03 X－14 Y－34 R20 G01 Y－55 N50 G40 X－55 M99（子程序结束）		

（2）精加工程序

零件开粗后去除了大部分余量，只留了较小的精加工余量，因此精加工 Z 轴吃深（背吃刀量 a_p）至尺寸要求。精加工程序如表 2-6 所示。

表 2-6　外轮廓精加工程序卡 5

零件名称	端盖	数控系统	FANUC 0i	编制日期	
零件图号		程序号	O0205、O0206	编制	
主程序			子程序 （将原程序　O0202 中的 N40 至 N50 之间程序段作为子程序内容）		
O0205 G54 G90 G40 G0 Z50 M03 S350 G0 X－55 Y－55 Z5 G01 Z0 F80（轮廓外下刀至工件表面） M98 P020206 G90 G0 Z100 M05 M30			O0206 N40 G91 G01 Z－5 F80（下刀采用相对坐标，分层下刀） G90 G42 G01 Y－34 D02（走轮廓绝对坐标，换 2 号刀） X14 G03 X34 Y－14 R20 G01 Y14 G03 X14 Y34 R20 G01 X－14 G03 X－34 Y14 R20 G01 Y－14 G03 X－14 Y－34 R20 G01 Y－55 N50 G40 X－55 M99（子程序结束）		

1.4.5　试加工与调试

试加工与调试步骤如下。

（1）开机，进入数控加工仿真系统；

（2）回零；

（3）工件装夹与找正，并进行对刀；

（4）输入程序，并进行调试加工；

（5）自动加工；

（6）测量工件。

1.4　拓展训练任务

1.4.1　训练任务 1

任务描述

根据零件图的尺寸要求，确定零件的毛坯尺寸，编制零件的加工程序，材料为 45 钢。如图 2-19 所示。

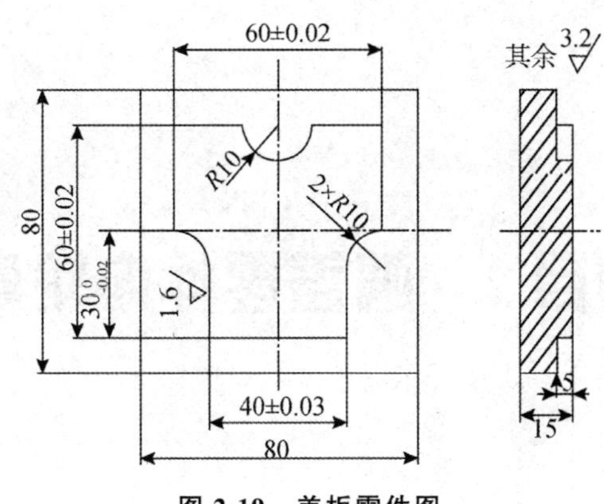

图 2-19　盖板零件图

1.4.2　训练任务 2

任务描述

图 2-20 为技能抽考试题零件图，根据零件图合理安排加工工艺，编制零件外轮廓的加工程序，材料为 45 钢。

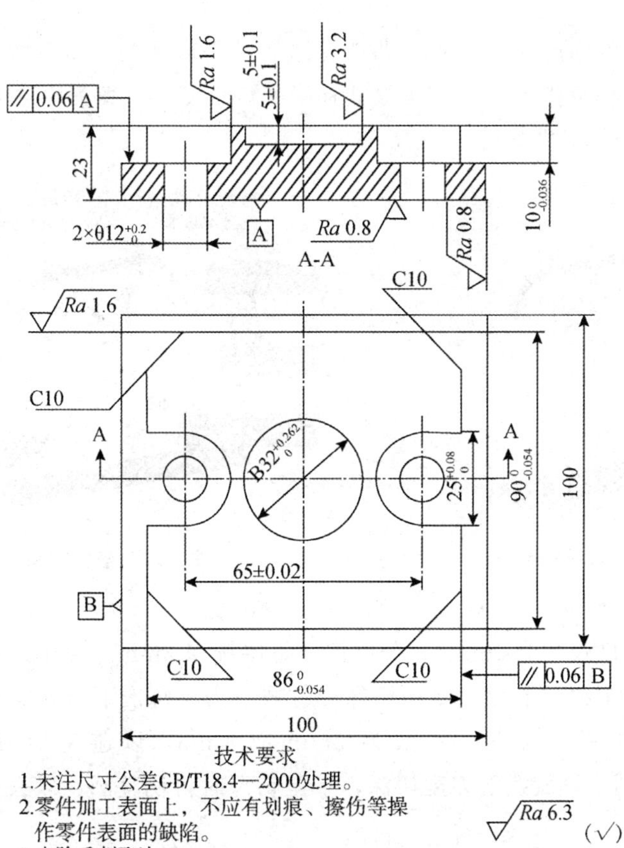

图 2-20　技能抽考试题零件图

项目2　端盖零件内轮廓的加工

任务描述

根据图 2-21 端盖零件图，编写程序加工零件的内轮廓，材料为 45 钢。

2.1　项目任务分析

（1）端盖零件的内轮廓是由封闭曲线为边界的平底凹槽，由直线和圆弧组成，因此轮廓加工用直线插补指令 G01 和圆弧插补指令 G02/G03。编程原点选择工件的中心，如图 2-21 所示，坐标简图如图 2-22 所示。

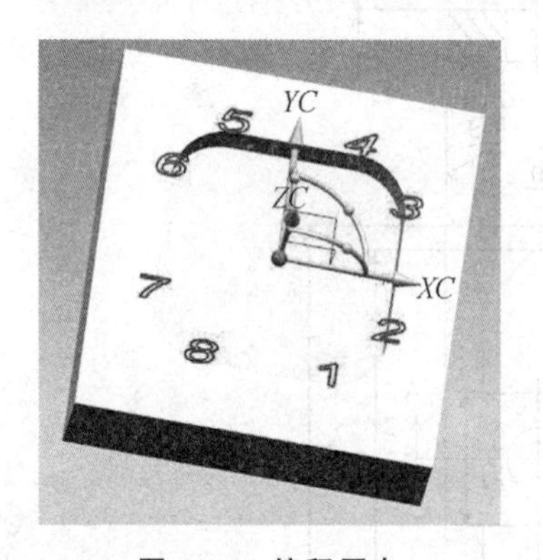

图 2-21　编程原点

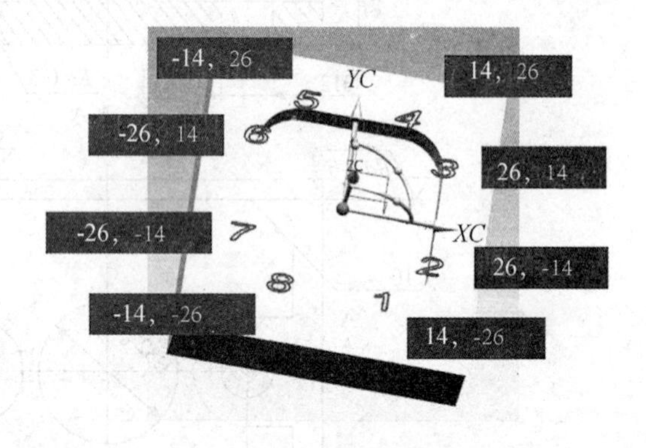

图 2-22　坐标简图

（2）内轮廓深度尺寸为 10mm，分层铣，每层铣深 2mm。使用的立铣刀其刀刃不过中心，不能轴向下刀，下刀时要采用螺旋方式下刀，每次下刀切深要根据螺旋线长及刀具、机床加工能力而定，一般为 2mm 或 1mm，以避免崩刀。螺旋线下刀如图 2-23 所示。图中螺旋线下刀至切深，下至切深时再铣整圆，以去除螺旋下刀的残余量。

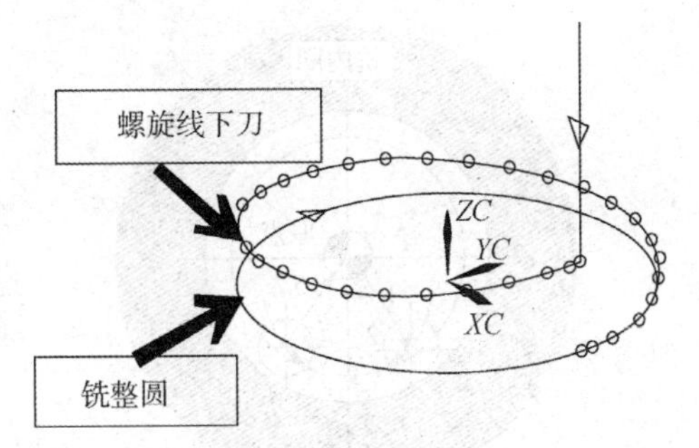

图 2-23　螺旋线下刀

2.2　内轮廓的铣削方法

2.2.1　铣削内轮廓的进退刀方法

（1）铣削封闭的内轮廓表面

若内轮廓曲线不允许外延，如图 2-24（a）所示，刀具只能沿内轮廓曲线的法向切入、切出，此时刀具的切入、切出点应尽量选在内轮廓曲线两几何元素的交点处。当内部几何元素相切无交点时如图 2-24（b）所示，为防止刀补取消时在轮廓拐角处留下凹口，刀具切入、切出点应远离拐角，可选择轮廓的中点切入。

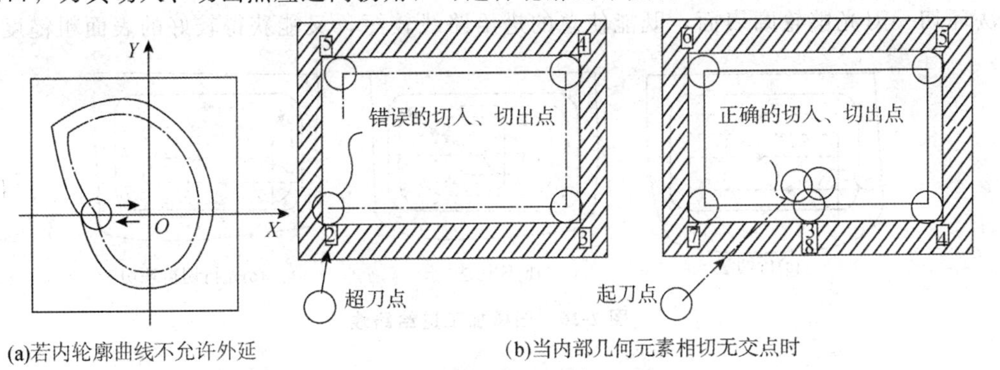

(a)若内轮廓曲线不允许外延　　(b)当内部几何元素相切无交点时

图 2-24　内轮廓加工刀具的切入和切出

（2）铣削内圆弧表面

铣削内圆弧表面时也要遵循从切向切入、切出的原则，最好安排从圆弧过渡到圆弧的加工路线如图 2-25 所示，以提高内孔表面的加工精度和质量。

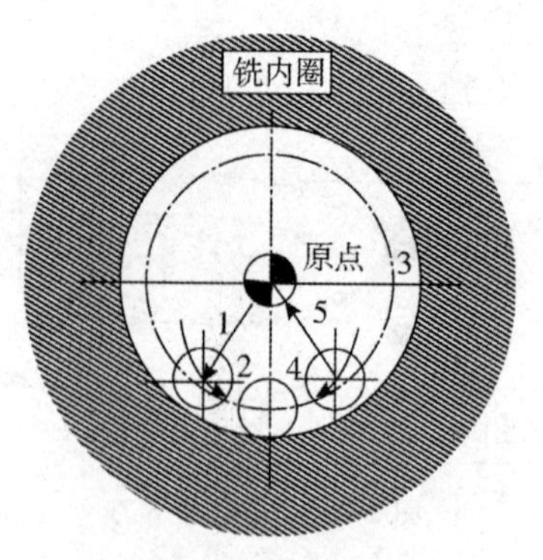

图 2-25 内圆铣削

2.2.2 铣削凹槽内轮廓的进给路线

凹槽内轮廓采用平底立铣刀来加工，刀具圆角半径应符合内轮廓的图纸要求。如图 2-26 所示为加工内轮廓的三种进给路线，即（a）为行切法，（b）为环切法，（c）为先行切后环切。

行切法的进给路线比环切法短，但行切法将在每两次进给的起点与终点间留下残留面积，而达不到所要求的表面粗糙度。

用环切法获得的表面粗糙度要好于行切法，但环切法需要逐次向外扩展轮廓线，刀位点计算稍微复杂一些。

如图 2-26（c）所示的进给路线，即先用行切法切去中间部分余量，最后用环切法环切一刀光整轮廓表面，既能使总的进给路线较短，又能获得较好的表面粗糙度。

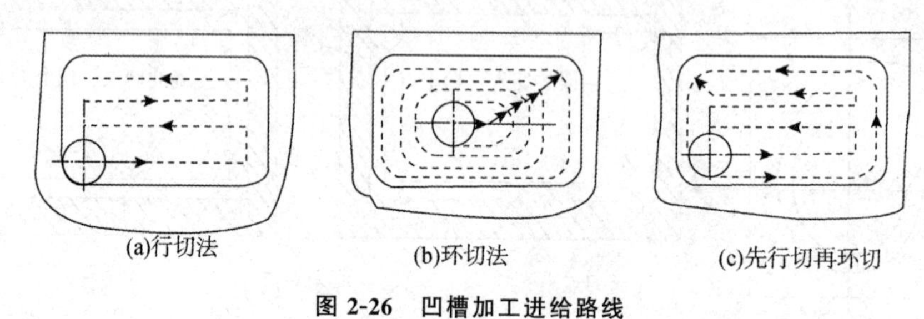

图 2-26 凹槽加工进给路线

2.3 螺旋下刀方式

螺旋下刀方式是指刀具在 XY 平面走圆弧的同时也沿 Z 轴方向下刀，编程格式为：

G17 G02/G03 X—Y—I—J—Z—F—（因 XY 平面为默认平面，G17 可省略）

或 G17 G02/G03 X—Y—R—Z—F—

如图 2-27 所示中螺旋线进给起点坐标为（0，30，10），终点坐标为（30，0，0），则螺旋下刀程序段为：

G01 X0 Y30 Z10

G02 X30 Y0 Z—10 R30 F60（实际加工中，Z 轴的切深一般为 1 至 2mm）

或为：

G01 X0 Y30 Z10

G02 X30 Y0 Z—10 I0 J—30 F60（圆心相对圆弧起点 X 方向距离为 0，故 I0，而 Y 方向距离为 30，且圆心在起点的负方向，故 J—30。）

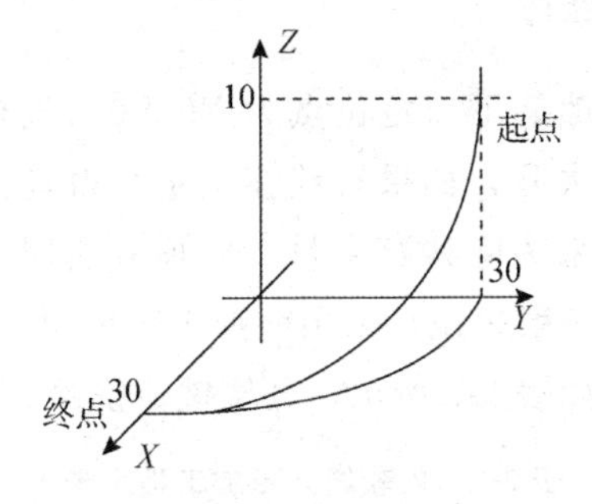

图 2-27　螺旋进给路线

在实际加工中，确定 Z 轴下刀的切深与机床工艺系统刚性、刀具及工件材料因素有关外，还与螺旋线长度有关。相同工艺条件下，螺旋线越长，即圆弧线越长，Z 轴下刀切深可大一些，螺旋线越短，Z 轴下刀切深要小一些。

螺旋下刀示范：

选择 $\phi 20$ 的立铣刀按刀心轨迹编程。要求：①螺旋线半径小于刀具半径，取值 9；②下刀深度一次为 2mm；③分层铣时，为去除螺旋下刀形成的残留余量，螺旋下刀后刀具再铣一整圆。螺旋下刀效果图如图 2-28 所示。

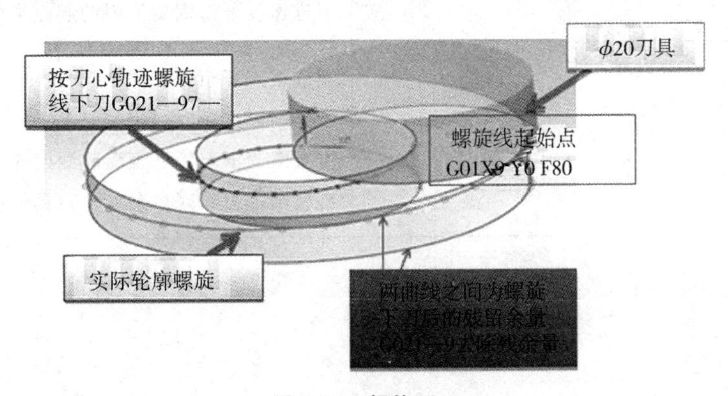

图 2-28　螺旋下刀

螺旋下刀程序段为：

G0 Z1	螺旋下刀起始平面
G01 X9 Y0 F80	螺旋下刀起始点
G02 I－9 Z－2	走螺旋线
G02 I－9	铣整圆，铣除残留高度

2.4 项目实施

2.4.1 内轮廓粗加工程序

铣凹槽时先螺旋下刀，螺旋下刀定位点为 X9 Y0。先粗略计算一下螺旋下刀后沿轮廓铣削是否有残存余量未去除，如果有残存余量，刀具再走几次同心圆或采用改变刀补值的方法重复运行程序来去除残存余量。后种方法因改变的刀补半径值过大，会产生过切现象或产生报警。一般来说，采用前种方法更便捷。

内轮廓开粗加工程序 1 如表 2-7 所示，分层铣，铣深 5mm。

表 2-7 内轮廓开粗加工程序卡 1

零件名称	端盖	数控系统	FANUC 0i	编制日期	
零件图号		程序号	O0207	编制	
程序内容			程序说明		
O0207 G54 G90 G40 G0 Z50 M03 S350 G0 X9 Y0 Z5 G01 Z0.5 F80			程序名 选择坐标系、刀具起始平面 定位至螺旋下刀的起始点，刀具半径值为 10.5mm 快速下刀至进刀平面 工进速度下刀螺旋下刀的起点平面		
G02 I－9 Z－2.5 G02 I－9 G02 I－9 Z－5 G02 I－9			螺旋下刀开粗，层深 2.5mm 铣整圆，去除残存余量 再次螺旋下刀，下至型腔深度 5mm 铣整圆，去除残存余量，刀具停在 X9 Y0 处		

续表

零件名称	端盖	数控系统	FANUC 0i	编制日期	
G41 G01 X26 Y0 F80 D01 Y14 G03 X14 Y26 R12 G01 X14 G03 X−26 Y14 R12 G01 Y−14 G03 X−14 Y−26 R12 G01 X14 G03 X26 Y14 R12 G01 Y6 G40 X9 Y0			至轮廓中点建立刀补，刀补值加上精加工余量 采用顺铣方式，逆时针走刀 铣内轮廓，刀补进行中 越过 Y0，原理同外轮廓中点切入 取消刀补，回到螺旋下刀起点		
G0 Z100 M05 M30			快速提刀 主轴停 程序结束		

铣深尺寸 10mm，采用子程序，主程序与子程序如表 2-8 所示。

表 2-8　子程序简化内轮廓编程程序卡 2

零件名称	端盖	数控系统	FANUC 0i	编制日期	
零件图号		程序号	O0208，O0209	编制	
主程序			子程序		
O0208 G54 G90 G40 G0 Z50 M03 S350 G0 X9 Y0 Z5 G01 Z0 F80 M98 p020209 G90G0 Z100 M05 M30			O0209 G02 I−9G91 Z−2.5 G02 I−9 G02 I−9 Z−5（若下刀深度为 2.5mm，则省去） G02 I−9（若下刀深度为 2.5mm，则省去） G90G41 G01 X26 Y0 F80 D01 Y14 G03 X14 Y26 R12 G01 X14 G03 X−26 Y14 R12 G01 Y−14 G03 X−14 Y−26 R12 G01 X14 G03 X26 Y14 R12 G01 Y6 G40 X9 Y0 M99		

2.4.2 精加工程序

零件开粗后去除了大部分余量，只留了较小的精加工余量，因此精加工 Z 轴吃深（背吃刀量 a_p）至尺寸要求。

内轮廓精加工程序 3 如表 2-9 所示，减去 O0207 程序中螺旋下刀部分。

表 2-9 内轮廓精加工程序卡 3

零件名称	端盖	数控系统	FANUC 0i	编制日期	
零件图号		程序号	O0208	编制	
程序内容			程序说明		
O0205			程序名		
G54 G90 G40 G0 Z50 M03 S500			选择坐标系、刀具起始平面		
G0 X9 Y0			定位至螺旋下刀的起始点，刀具半径值为 10mm		
Z5			快速下刀至进刀平面		
G01 Z—10 F60			工进速度下刀至深度尺寸		
G41 G01 X26 Y0 F80 D02			至轮廓中点建立刀补，刀补值加上精加工余量		
Y14			采用顺铣方式，逆时针走刀		
G03 X14 Y26 R12			铣内轮廓，刀补进行中		
G01 X14					
G03 X－26 Y14 R12					
G01 Y－14					
G03 X－14 Y－26 R12					
G01 X14					
G03 X26 Y14 R12					
G01 Y6			越过 Y0，原理同外轮廓中点切入		
G0 X9			切出		
G40			取消刀补		
G0 Z100			快速提刀		
M05			主轴停		
M30			程序结束		

2.4.3 试加工与调试

试加工与调试步骤如下。

（1）开机，进入数控加工仿真系统；

（2）回零；

（3）工件装夹与找正，并进行对刀；

（4）输入程序，并进行调试加工；

（5）自动加工；

（6）测量工件。

2.5　拓展训练任务

任务描述

图 2-9 为技能抽考试题零件图。根据零件图要求合理安排加工工艺，编写零件内、外轮廓的加工程序。

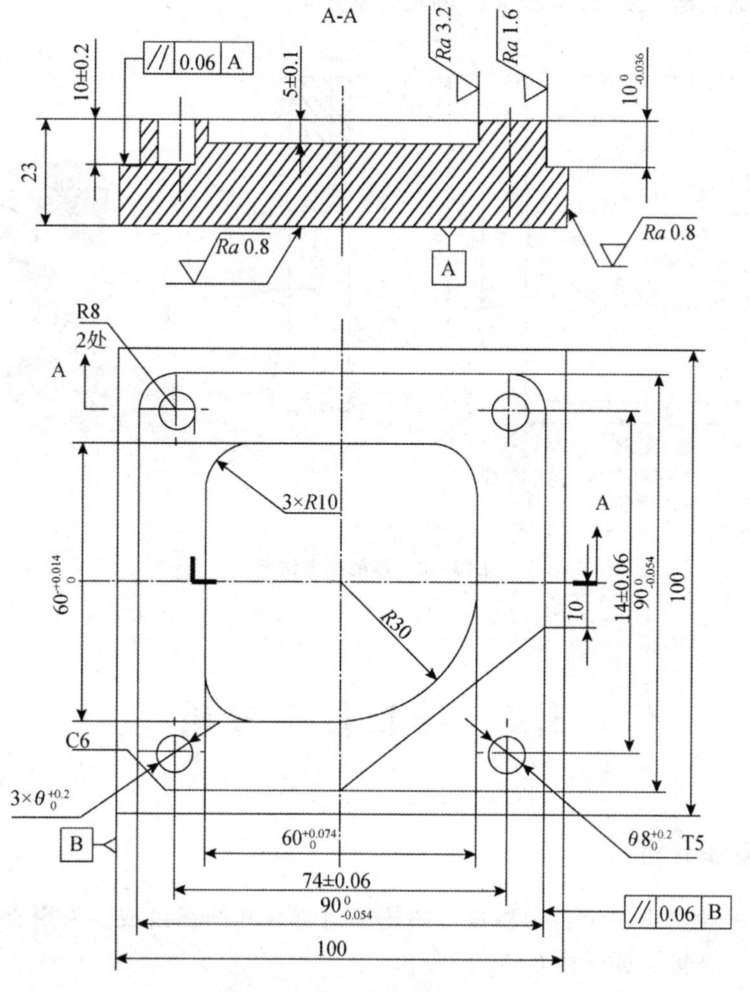

图 2-29　技能抽考试题零件图

项目3　圆形凸台零件的加工

任务描述

图 2-30 为技能抽考试题零件图。按零件图纸要求加工圆形凸台及内轮廓至尺寸精度要求和表面粗糙度要求，4 个 $\phi12$ 的孔暂不加工。

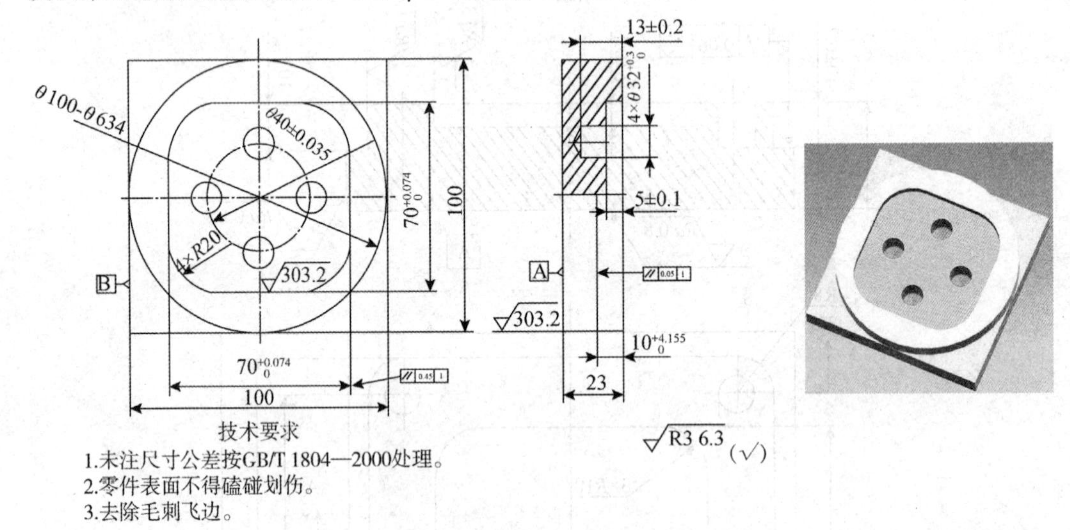

图 2-30　技能抽考试题

3.1　项目任务分析

3.1.1　编程分析

零件的外轮廓由一个整圆构成，内轮廓由直线和圆弧组成。采用直线插补指令 G01 和圆弧插补指令 G02 或 G03。

外轮廓的走刀路线可以选择从圆弧的 4 个象限点切入，进退刀方式可选用垂直进退刀方式，也可选择切线进退刀方式。编程原点如图 2-31 所示。

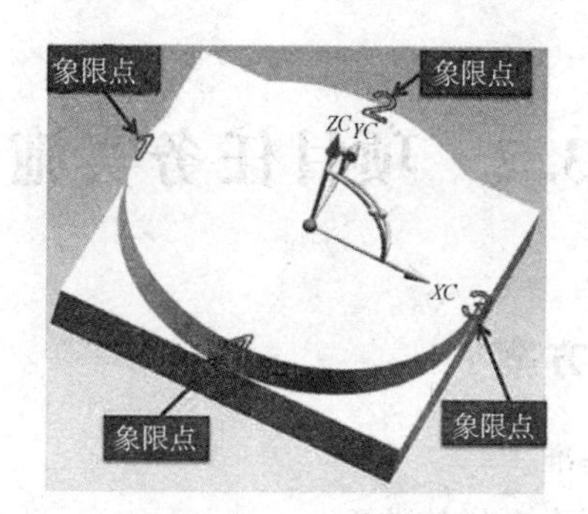

图 2-31　编程原点

4 个象限点的坐标如表 2-10 所示。

表 2-10　象限点的坐标

象限点	点 1	点 2	点 3	点 4
坐标	−50，0	0，50	50，0	0，−50

外轮廓是一个整圆，编程时不能采用 G02/G03 X－Y－R－F－格式，而要采用 G02/G03 X－Y－I－J－F－格式，式中 $I=X_{圆心}-X_{圆弧起点}$；$J=Y_{圆心}-Y_{圆弧起点}$。圆弧起点与 I、J 值及程序段的关系如表 2-11 所示。

表 2-11　圆弧起点与 I、J 值及程序段的关系

圆弧起点	I 值	J 值	铣整圆程序段
1	50	0	G01 X−50 Y0 F80；G02 I50
2	0	−50	G01 X0 Y50 F80；G02 J−50
3	−50	0	G01 X50 Y0 F80；G02 I−50
4	0	50	G01 X0 Y−50 F80；G02 J50

3.1.2　铣削外整圆进给路线

铣削外整圆时要安排刀具从切向退出圆周铣削加工，如图 2-32 所示。即当整圆加工完毕后，要让刀具沿切线方向多运动一段距离退刀，不在切点处直接退刀，以免取消刀补时，刀具与工件表面相碰，造成工件报废。

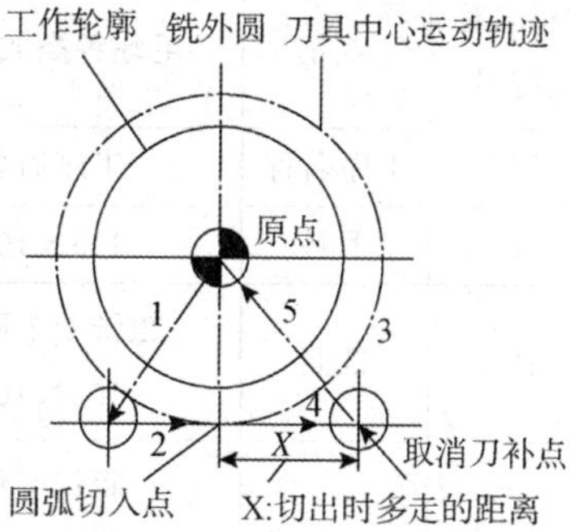

工作轮廓　铣外圆　刀具中心运动轨迹
原点
1　2　3　4　5
X
取消刀补点
圆弧切入点　X:切出时多走的距离

图 2-32　外圆铣削的切入与切出

3.1.3　零件加工工艺分析

根据零件图的尺寸精度要求和表面粗糙度要求，粗加工零件的外轮廓和内轮廓后还要精加工，4 个 $\phi12$ 精度要求不高，钻中心孔后再用麻花钻钻孔即能达到技术要求。

3.2 项目任务实施

3.2.1 零件加工工艺方案

（1）确定工件的定位基准。

以工件的底面和两侧面为定位基准面。

（2）拟定工艺路线

1）按 105×105×25（mm）下料。

2）在普通铣床上铣削 6 个面，保证 100×100×23（mm）尺寸。

3）去毛刺。

4）在加工中心或数控铣床上粗、精铣内外轮廓，铣至尺寸。

5）钻 4 处 ϕ12 中心孔，钻 ϕ12 孔。

6）检验。

3.2.2 编制数控加工技术文档

（1）机械加工工艺过程卡

机械加工工艺过程卡如表 2-12 所示。

表 2-12 机械加工工艺过程卡

<table>
<tr><td colspan="3" rowspan="2">机械加工工艺过程卡</td><td>产品名称</td><td>零件名称</td><td colspan="2">零件图号</td></tr>
<tr><td></td><td>圆形凸台零件</td><td colspan="2"></td></tr>
<tr><td>材料名称及牌号</td><td>45 钢</td><td>毛坯种类或材料规格</td><td colspan="2">105×105×25（mm）</td><td>总工时</td><td></td></tr>
<tr><td>工序号</td><td>工序名称</td><td>工序简要内容</td><td>设备名称及型号</td><td>夹具</td><td>量具</td><td>工时</td></tr>
<tr><td>10</td><td>下料</td><td>105×105×25</td><td>锯床</td><td></td><td>钢尺</td><td></td></tr>
<tr><td>20</td><td>铣面</td><td>粗铣 6 个面至尺寸 100×100×23</td><td>普通铣床</td><td>平口钳</td><td>游标卡尺</td><td></td></tr>
<tr><td rowspan="3">30</td><td rowspan="3">数铣</td><td>粗铣圆形凸台凹槽留精铣余量</td><td rowspan="3">数控铣床</td><td rowspan="3">平口钳</td><td rowspan="3">游标卡尺
千分尺</td><td rowspan="3"></td></tr>
<tr><td>精铣凸台凹槽至尺寸要求</td></tr>
<tr><td>钻中心孔，钻 ϕ12 孔</td></tr>
</table>

续表

<table>
<tr><td colspan="3" rowspan="2">机械加工工艺过程卡</td><td>产品名称</td><td>零件名称</td><td colspan="2">零件图号</td></tr>
<tr><td></td><td>圆形凸台零件</td><td colspan="2"></td></tr>
<tr><td>材料名称及牌号</td><td>45 钢</td><td>毛坯种类或材料规格</td><td colspan="2">105×105×25（mm）</td><td>总工时</td><td></td></tr>
<tr><td>工序号</td><td>工序名称</td><td>工序简要内容</td><td>设备名称及型号</td><td>夹具</td><td>量具</td><td>工时</td></tr>
<tr><td>40</td><td>钳</td><td>去毛刺</td><td>钳工台</td><td></td><td>去毛刺刀</td><td></td></tr>
<tr><td>50</td><td>检</td><td>按图纸要求检测尺寸</td><td></td><td></td><td>游标卡尺
千分尺</td><td></td></tr>
<tr><td>编制</td><td></td><td>审核</td><td>批准</td><td></td><td>共　页</td><td>第　页</td></tr>
</table>

（2）数控加工工序卡

数控加工工序卡如表 2-13 所示。

表 2-13　数控加工工序卡

<table>
<tr><td colspan="5" rowspan="2">数控加工工序卡</td><td>产品名称</td><td>零件名称</td><td colspan="3">零件图号</td></tr>
<tr><td></td><td>圆形凸台零件</td><td colspan="3"></td></tr>
<tr><td>工序号</td><td>30</td><td>程序编号</td><td>O0321、O0322</td><td>材料</td><td>45 钢</td><td>夹具名称</td><td>平口钳</td><td>加工设备</td><td></td></tr>
<tr><td rowspan="2">工步号</td><td rowspan="2">工步内容</td><td colspan="4">切削用量</td><td colspan="2">刀具</td><td>量具</td></tr>
<tr><td>V_C (m/min)</td><td>n (r/min)</td><td>f (mm/min)</td><td>a_p (mm)</td><td>编号</td><td>名称</td><td>名称</td></tr>
<tr><td>1</td><td>粗铣凸台、型腔留精铣余量 0.5mm</td><td>20</td><td>350</td><td>80</td><td>2.5</td><td>T1</td><td>ϕ20 立铣刀</td><td>游标卡尺</td></tr>
<tr><td></td><td>精铣凸台轮廓、型腔轮廓，铣至尺寸要求</td><td>30</td><td>500</td><td>60</td><td>5</td><td>T2</td><td>ϕ20 立铣刀</td><td>游标卡尺
千分尺</td></tr>
<tr><td>编制</td><td></td><td>审核</td><td></td><td>批准</td><td></td><td>共　页</td><td>第　页</td></tr>
</table>

3.2.3　数控加工程序

外轮廓开粗加工程序分垂直进退刀方式和切线进退刀方式加工程序，垂直进退刀方式加工程序如表 2-14～表 2-15 所示。

表 2-14 从中间点切入的数控加工程序卡 1

零件名称	圆形凸台零件	数控系统	FANUC 0i	编制日期	
零件图号		程序号	O2301	编制	
程序内容			程序说明		
O2301 G54 G90 G40 G0 Z50 M03 S350 G0 X－65 Y0 Z5			程序名 选择坐标系、刀具起始平面 走刀时建立刀补起点		
N40 G01 Z－2 F80 G41 X－50 D01 G02 I50 G01 Y34 G0 X－65 N50 G40 Y0			分层铣，每层铣深 2mm 移到至象限点 1 建立刀补，顺铣方式 刀补进行中，铣整圆 切线方式退刀 切出工件 取消刀补，回到起点		
G0 Z100 M05 M30			快速提刀 主轴停 程序结束		

上面程序铣削一层后要改变 Z 轴方向下刀，每次递进下刀深度为 2mm，要在程序中改变 Z 坐标。为编程及操作方便，同样利用子程序来实现 Z 轴方向间歇下刀，程序如表 2-15 所示。

表 2-15 应用子程序简化的外轮廓数控加工程序卡 2

零件名称	圆形凸台零件	数控系统	FANUC 0i	编制日期	
零件图号		程序号	O2302、O2303	编制	
主程序			子程序 （将原程序 O2301 中的 N40 至 N50 之间程序段作为子程序内容）		
O2302 G54 G90 G40 G0 Z50 M03 S350 G0 X－65 Y0 Z5 G01 Z0 F80（轮廓外下刀至工件表面） M98 P052303 G90 G0 Z100 M05 M30			O2303 N40 G91 G01 Z－2 F80（下刀采用相对坐标，铣削一层后再在当前 Z 轴位置下刀 2mm） G90 G41 X－50 D01（切换到绝对坐标编程） G02 I50 G01 Y20 G0 X－65 N50 G40 Y0 M99（子程序结束）		

外轮廓仅是一个圆形凸台，结构简单，有时可以不采用刀具半径补偿编程，直接将轮廓偏移一个刀具半径，则开粗程序如表 2-16 所示。

表 2-16　以切线方式切入的数控加工程序卡 1

零件名称	圆形凸台零件	数控系统	FANUC 0i	编制日期	
零件图号		程序号	O2304～O2305	编制	
主程序			子程序 （将原程序 O2301 中的 N40 至 N50 之间程序段作为子程序内容）		
O2302 G54 G90 G40 G0 Z50 M03 S350 G0 X65 Y－60（采用顺铣方式，刀心向外偏移一个半径值） Z5 G01 Z0 F80（轮廓外下刀至工件表面） M98 P052303 G90 G0 Z100 M05 M30			O2303 G91 G01 Z－2 F80（下刀采用相对坐标，铣削一层后再在当前 Z 轴位置下刀 2mm） G90 X0（切换到绝对坐标编程） G02J60 G01X－10 G0 Y－80 X65 Y－60 M99（子程序结束）		

3.2.4　试加工与调试

试加工与调试步骤如下。

（1）开机，进入数控加工仿真系统；

（2）回零；

（3）工件装夹与找正，并进行对刀；

（4）输入程序，并进行调试加工；

（5）自动加工；

（6）测量工件。

3.3　拓展训练任务

任务描述

图 2-33 为技能抽考试题零件图。根据零件图要求合理安排加工工艺，编写零件内、外轮廓的加工程序。

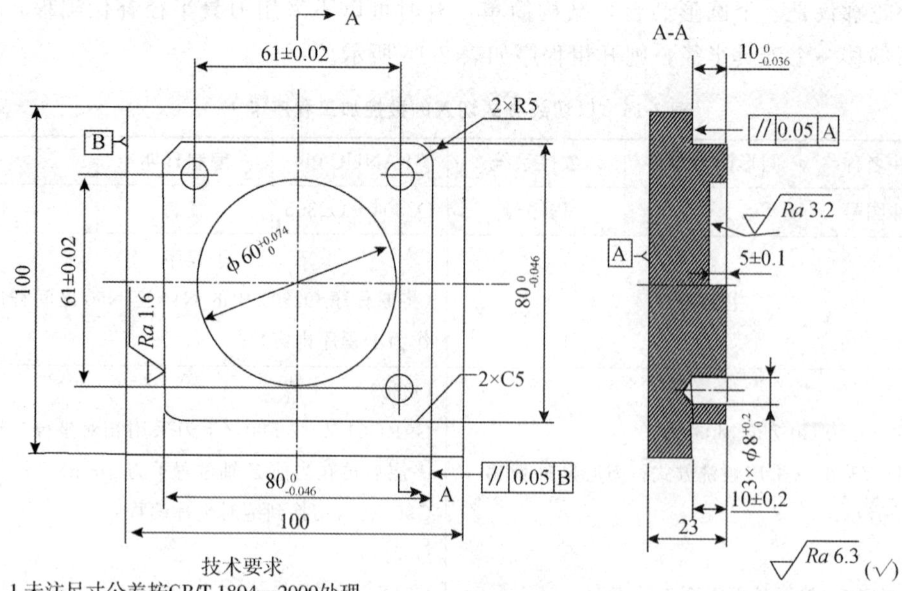

技术要求

1.未注尺寸公差按GB/T 1804—2000处理。
2.零件加工表面上，不应有划痕，擦伤等损伤零件表面的缺陷。
3.去除毛刺飞边。

图 2-33　技能抽考试题零件图

项目 4　凸模板零件的加工

任务描述

图 2-34 为凸模板零件图，零件上下表面及 4 个侧面已加工完毕，尺寸为 80mm×80mm×20mm，材料为 45 钢。

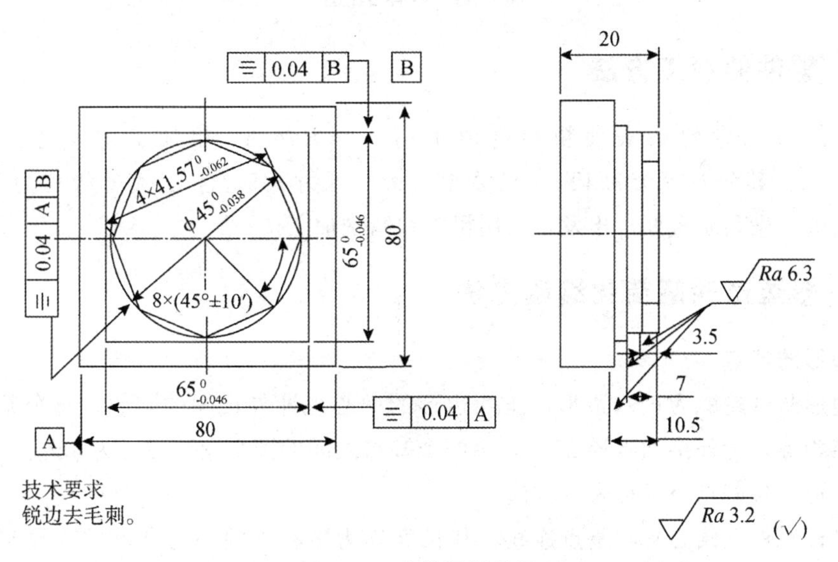

图 2-34　凸模板零件图

4.1　项目任务分析

4.1.1　零件结构分析

零件有三级凸台轮廓组成，最下层为方形凸台轮廓，尺寸为 65mm×65mm×3.5mm；中间层为圆形凸台轮廓，尺寸为 ϕ45mm×3.5mm；最上层为正八边形凸台轮廓，其外接圆直径为 ϕ45mm，高为 3.5mm。零件图形为对称图形，编程时选择工件的中心为编程原点，如图 2-35 所示。图中点 1 至点 8 为正八边形轮廓的 8 个基点，这些基点的坐标不能直接从图形中读取，要通过三角函数计算或通过 CAD 绘图软件来获得。

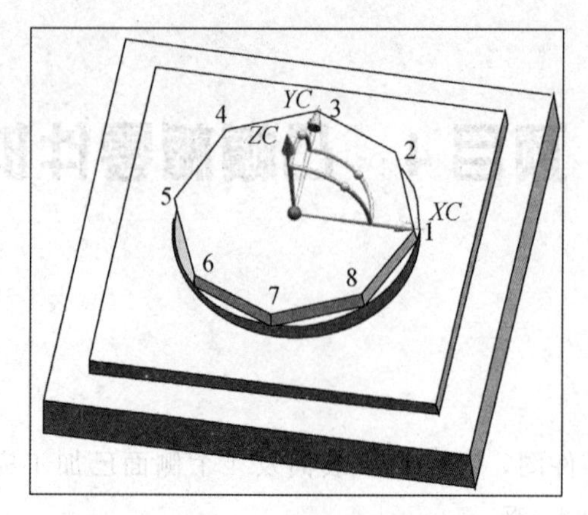

图 2-35 零件 3D 图

4.1.2 零件的加工方法

零件三级凸台轮廓表面粗糙度值不高，为 *Ra*6.3，粗加工即能达到，但尺寸 $41.57_{-0.067}^{0}$ 其公差等级为 IT9，尺寸 $65_{-0.046}^{0}$、尺寸 $\phi 45_{-0.038}^{0}$ 公差等级均为 IT8 级，从经济高效、满足质量要求出发，采用粗铣和精铣加工。

4.1.3 多边形轮廓简化编程方法

多边形的特点

多边形凸台轮廓为正八边形，正八边形的中心也即外接圆的圆心，每个基点到圆心的距离相等，为外接圆半径 22.5，每两个基点之间的圆心角相等，为 45°。

正八边形各基点极坐标表示方法

将坐标原点（圆心）与基点连线，其长度称为极径。圆心与基点的连线与坐标轴的夹角称为极角。用极径和极角来表示点的坐标称为极坐标。

若每个基点坐标用极坐标来表示，则点 1 为（22.5，0）、点 2 为（22.5，45）、点 3 为（22.5，90）、……、点 8 为（22.5，315）。可见，用极坐标表示比用直角坐标来表示简化了计算。

FANUC 0i 数控系统中编程指令 G16 就能实现极坐标编程功能。

4.2 极坐标编程

通常情况下，圆周分布的孔类零件，如法兰盘零件，以及图样尺寸以半径与角度形式标注的零件，如正多边形轮廓，适合采用极坐标编程。

编程时，各点的坐标值是以极坐标（极径和角度）输入，在坐标平面内，第一轴为极径，第二轴为极角，如在 G17 平面内，X—代表极径，Y—代表极角。

4.2.1　编程格式

G17 G90/G91 G16 G□□X—Y—极坐标开始

(G18 G90/G91 G16 G□□ X—Z—；G19 G90/G91 G16 G□□Y—Z—)

……

G15　　　　　　　　　极坐标结束

编程格式重要说明：

①G16：极坐标开始；

G15：极坐标结束。

②极坐标原点位置：G90 方式下为工件坐标系原点；

G91 方式下为当前位置点。

③G17 平面，X—Y—：X—为极径，极坐标原点至目标点的距离；

Y—为极角，为极径与 X 轴的夹角，以逆时针方向为正。

G18 平面，X—Z—：X—为极径，Z—为极角；

G19 平面，Y—Z—：Y—为极径，Z—为极角；

4G□□：为刀具移动指令。

4.2.2　G90 与 G91 状态下应用区别

(1) G90 指定工件坐标系的零点作为极坐标系的原点，从该点测量极径，如图 2-36 所示；而 G91 指定当前位置作为极坐标系的原点，从该点测量极径。如图 2-37 所示。

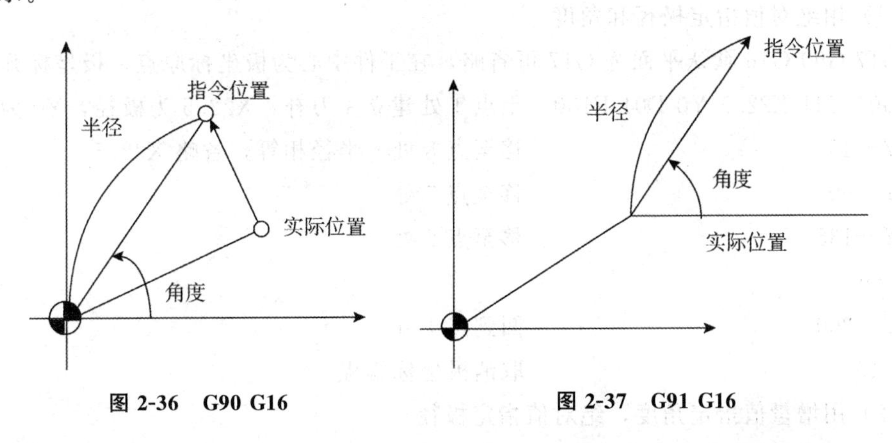

图 2-36　G90 G16　　　　图 2-37　G91 G16

(2) 不论用 G90 或 G91 指定极坐标半径，极角也可用增量坐标 G91 指定，如图 2-38～图 2-39 所示。

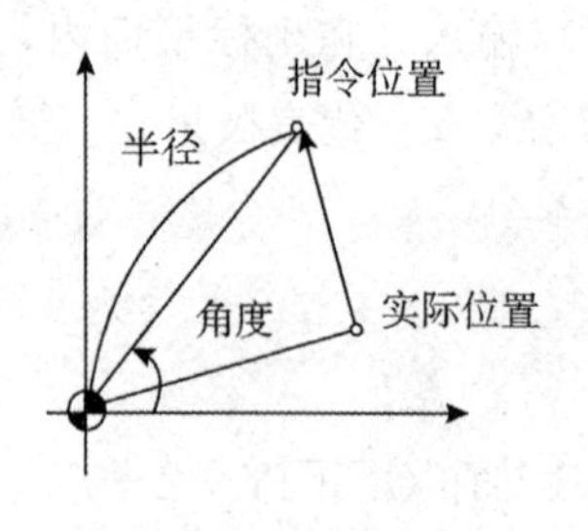

图 2-38 G90 Y－

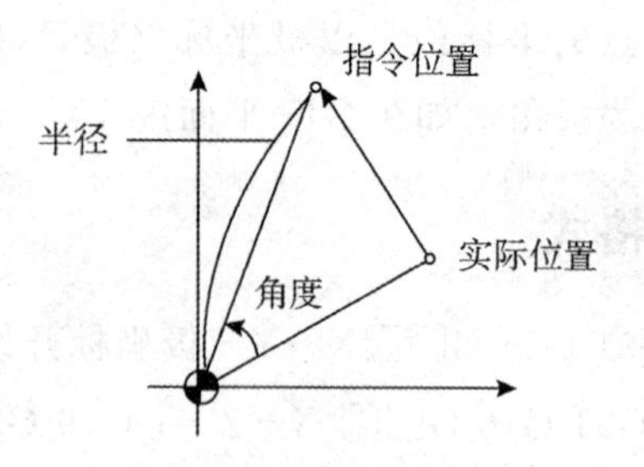

图 2-39 G91 Y－

4.2.3 编程示例

图 2-34 零件图中正八边形凸台轮廓如图 2-40 所示，按顺铣方式，顺时针走刀，采用极坐标编程如下。

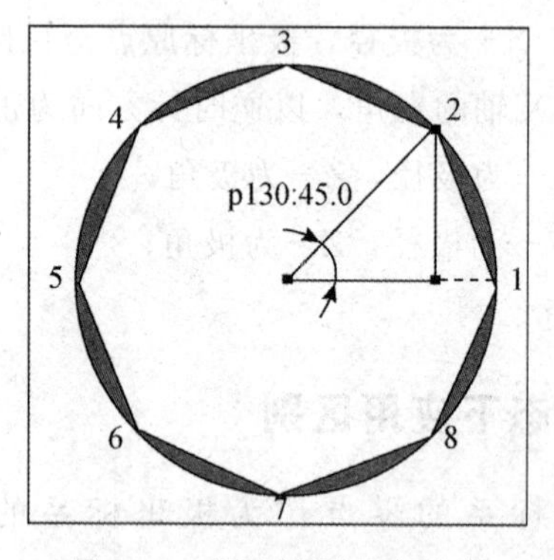

图 2-40 正八边形凸台轮廓

(1) 用绝对值指定极径和角度

G17 G90 G16 默认平面为 G17 可省略，在工件中心为极坐标原点，极坐标开始

G01 G41 X22.5 Y0 D01 F100	至点 1 处建立左刀补，X22.5 为极径，Y0 为极角
Y－45	移至点 8 处，半径相等，省略 X22.5
Y－90	移至点 7 处
Y－135	移至点 6 处
……	
Y－360	回到点 1 处
G15	取消极坐标编程

(2) 用增量值指定角度，绝对值指定极径

G17 G90 G16	工件中心为极坐标原点，极坐标开始
G01 G41 X22.5 Y0 D01 F100	至点 1 处建立左刀补，X22.5 为极径，Y0 为极角
G91 Y－45	移至点 8 处。从点 8 开始，角度用相对坐标编程

Y－45　　　　　　　　　　采用相对坐标　移至点 7 处

Y－45　　　　　　　　　　移至点 6 处

……

Y－45　　　　　　　　　　回到点 1 处

G15 G90　　　　　　　　　取消极坐标编程，恢复绝对值编程

4.3　项目实施

4.3.1　零件加工工艺方案

拟订工艺路线

(1) 确定工件的定位基准。

以工件的底面和两侧面为定位基准。

(2) 拟定工艺路线

1) 按 85×85×28 下料。

2) 在普通铣床上铣削 6 个面，保证 80×80×25 尺寸，去毛刺。

3) 在加工中心或数控铣床上粗铣、精铣轮廓，铣至尺寸。

4) 去毛刺。

5) 检验。

4.3.1　编制数控加工技术文档

(1) 机械加工工艺过程卡

机械加工工艺过程卡如表 2-17 所示。

表 2-17　机械加工工艺过程卡

机械加工工艺过程卡			产品名称	零件名称	零件图号	
				模板		
材料名称及牌号	45 钢	毛坯种类或材料规格	85×85×22 (mm)		总工时	
工序号	工序名称	工序简要内容	设备名称及型号	夹具	量具	工时
10	下料	85×85×22	锯床		钢尺	
20	铣面	粗铣 6 个面	普通铣床	平口钳	游标卡尺	
30	钳	去毛刺	钳工台			
40	检验	检查六个面尺寸			游标卡尺	

续表

机械加工工艺过程卡			产品名称	零件名称	零件图号	
				模板		
材料名称及牌号	45 钢	毛坯种类或材料规格	85×85×22（mm）		总工时	
工序号	工序名称	工序简要内容	设备名称及型号	夹具	量具	工时
50	数铣	粗铣三级凸台轮廓留精铣余量；精铣凸台轮廓至尺寸要求	数控铣床	平口钳	游标卡尺 千分尺	
60	钳	去毛刺	钳工台		锉刀	
70	检	按图纸要求检测尺寸			游标卡尺 千分尺	
编制		审核	批准		共　页	第　页

（2）数控加工工序卡

数控加工工序卡如表 2-18 所示。

表 2-18　数控加工工序卡

<table>
<tr><td colspan="8" rowspan="2">数控加工工序卡</td><td colspan="3">产品名称</td><td colspan="2">零件名称</td><td colspan="2">零件图号</td></tr>
<tr><td colspan="3"></td><td colspan="2">模板</td><td colspan="2"></td></tr>
<tr><td>工序号</td><td>50</td><td>程序编号</td><td>O0031
0032
O0033</td><td>材料</td><td colspan="2">45 钢</td><td>数量</td><td>5</td><td colspan="2">夹具名称</td><td colspan="2">平口钳</td><td>加工设备</td><td></td></tr>
<tr><td rowspan="2">工步号</td><td colspan="3" rowspan="2">工步内容</td><td colspan="8">切削用量</td><td colspan="2">刀具</td><td>量具</td></tr>
<tr><td colspan="2">V_C
(m/min)</td><td colspan="2">n
(r/min)</td><td colspan="2">f
(mm/min)</td><td colspan="2">a_p
(mm)</td><td>编号</td><td>名称</td><td>名称</td></tr>
<tr><td>1</td><td colspan="3">粗铣矩形凸台、圆形凸台、正八边形凸台轮廓，留精铣余量 0.5mm</td><td colspan="2">20</td><td colspan="2">350</td><td colspan="2">80</td><td colspan="2">3.5</td><td>T1</td><td>ϕ20 立铣刀</td><td>游标卡尺</td></tr>
<tr><td></td><td colspan="3">精铣各凸台轮廓铣至尺寸要求</td><td colspan="2">30</td><td colspan="2">500</td><td colspan="2">60</td><td colspan="2">3.5</td><td>T2</td><td>ϕ20 立铣刀</td><td>游标卡尺
千分尺</td></tr>
<tr><td>编制</td><td colspan="3"></td><td colspan="2">审核</td><td colspan="2"></td><td colspan="2">批准</td><td colspan="3"></td><td>共　页</td><td>第　页</td></tr>
</table>

（3）数控加工程序

模板零件三个凸台的高度各为 3.5mm。粗铣时，先铣矩形凸台轮廓，分三次下刀，

每次下刀 3.5mm 深。再铣圆形凸台轮廓，分二次下刀，每次下刀 3.5mm 深。最后铣正八边形凸台轮廓，一次下刀。

精铣时，更换一把精铣刀，铣矩形凸台轮廓吃刀深度为 10.5mm，铣圆形凸台轮廓吃刀深度为 7mm。

粗铣矩形和圆形凸台轮廓采用子程序实现分层铣。开粗程序如表 2-19～表 2-21 所示。

表 2-19　粗铣矩形凸台轮廓加工程序卡

零件名称	模板	数控系统	FANUC 0i	编制日期	
零件图号		程序号	O0031、O0034	编制	
主程序			子程序 （将建立刀补、走轮廓、取消刀补之间程序段作为子程序内容）		
O0031 G54 G90 G40 G0 Z50 M03 S800 G0 X－55 Y－32.5（左下角，轮廓之外） Z5 G01 Z0 F100（下刀至工件表面高度） M98 P030034 G90 G0 Z100 M05 M30			O0034 G91 G01 Z－3.5 F100（下刀采用相对坐标） G90 G41 G01 X－32.5 D01（走轮廓用绝对坐标） X32.5 Y32.5 X－32.5 Y－55 从延长线上切出 G40 X－55 M99（子程序结束）		

表 2-20　粗铣圆形凸台轮廓程序卡

零件名称	模板	数控系统	FANUC 0i	编制日期	
零件图号		程序号	O0032、O0035	编制	
主程序			子程序 （将建立刀补、走轮廓、取消刀补之间程序段作为子程序内容）		
O0031 G54 G90 G40 G0 Z50 M03 S800 G0 X－22.5 Y－55（圆形轮廓切线上点） Z5 G01 Z0 F100（下刀至工件表面高度） M98 P020035 G90 G0 Z100 M05 M30			O0035 G91 G01 Z－3.5 F100（下刀采用相对坐标） G90 G41 G01 Y0 D01（顺铣走轮廓用绝对坐标） G02 I22.5（铣整圆，用圆心坐标编程方式） G01Y10 从切线切出 X－35 G40 Y－55 X－22.5 回到主程序中圆形轮廓切线上起始点 M99（子程序结束）		

表 2-21 粗铣正八边形凸台轮廓程序

零件名称	模板	数控系统	FANUC 0i	编制日期	
零件图号		程序号	O0033	编制	
程序内容			程序说明		
O0031 G54 G90 G40 G0 Z50 M03 S800 G0 X55 Y0 Z5			程序名 选择坐标系、刀具起始平面 走刀时建立刀补起点，轮廓中点延长线上		
G01 Z−3.5 F80 G41 G01 X22.5 D01 G16 X22.5 Y−45 Y−90 Y−135 Y−180 Y−225 Y−270 Y−315 Y−360 G15 G01 Y−10 X55 G40 Y0			 移到至轮廓中点建立刀补，顺铣方式 极坐标开始，顺铣至点 8 处 极坐标结束，切换到直角坐标系 切出工件 回到走刀起点并取消刀补		
G0 Z100 M05 M30			快速提刀 主轴停 程序结束		

4.3.3 试加工与调试

试加工与调试步骤如下。

(1) 开机，进入数控加工仿真系统；

(2) 回零；

(3) 工件装夹与找正，并进行对刀；

(4) 输入程序，并进行调试加工；

(5) 自动加工；

(6) 测量工件。

4.4　拓展训练任务

任务描述

按零件图纸要求加工正六边形凸台及腰形槽至尺寸技术要求，2 个 $\phi10$ 的孔下道工序加工。零件图如图 2-41 所示。

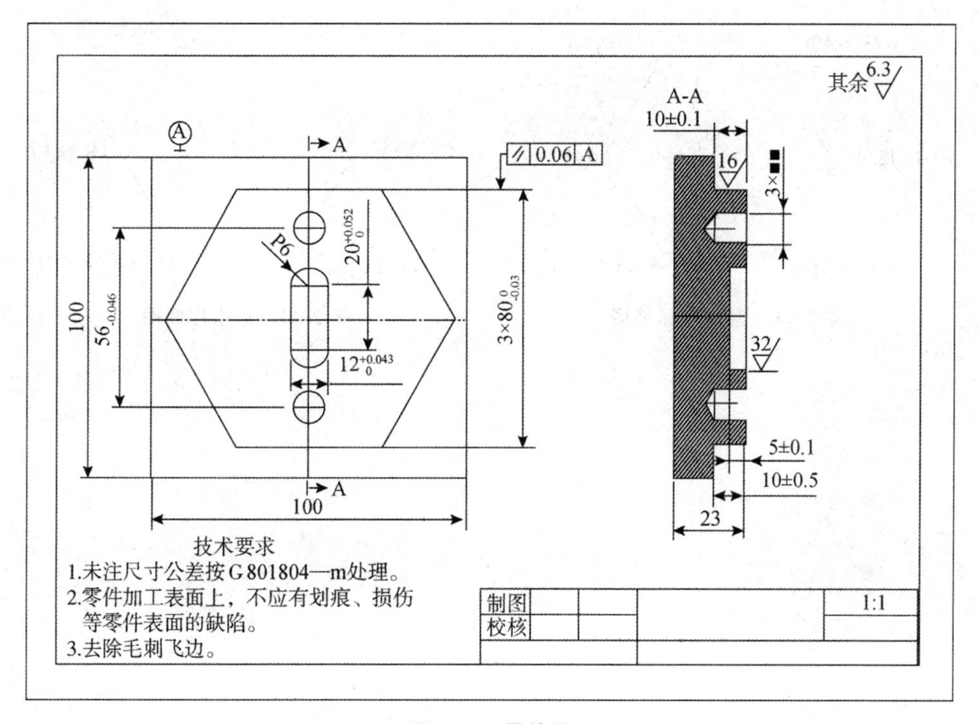

图 2-41　零件图

任务提示

铣削正六边形标注尺寸为两对边的垂直距离，为 80mm。各基点的坐标通过三角函数计算获得，计算简图如图 2-42 所示，图中正六边形的外接圆。在三角形 AOB 中，线段 OB 长为 40mm，∠AOB＝30°，OA 为正六边形外接圆的半径。在直角三角形 OBA 中，cos30＝OB/OA，OA＝OB/cos30，计算得线段 OA 长为 46.18mm，sin30＝BA/OA，BA＝OA×sin30，计算得线段 BA 长为 23.09mm。作直角坐标简图和极坐标简图如图 2-43～图 2-44 所示。

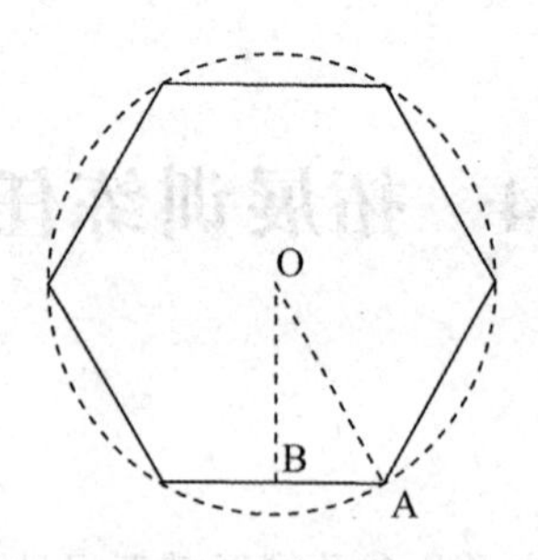

图 2-42　基点坐标计算

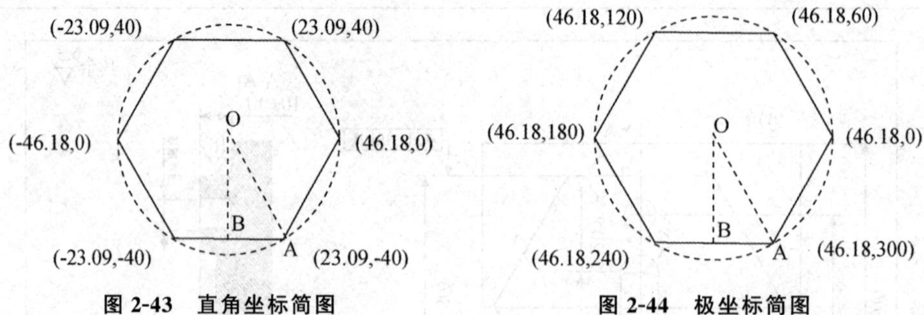

图 2-43　直角坐标简图　　　　图 2-44　极坐标简图

学习单元三

槽类零件的加工

项目1　标牌模座零件的加工

任务描述

图3-1为标牌模座零件图，上下表面及4个侧面已加工完，此工序需加工型腔，4个$\phi10$孔暂不加工，材料为45钢。

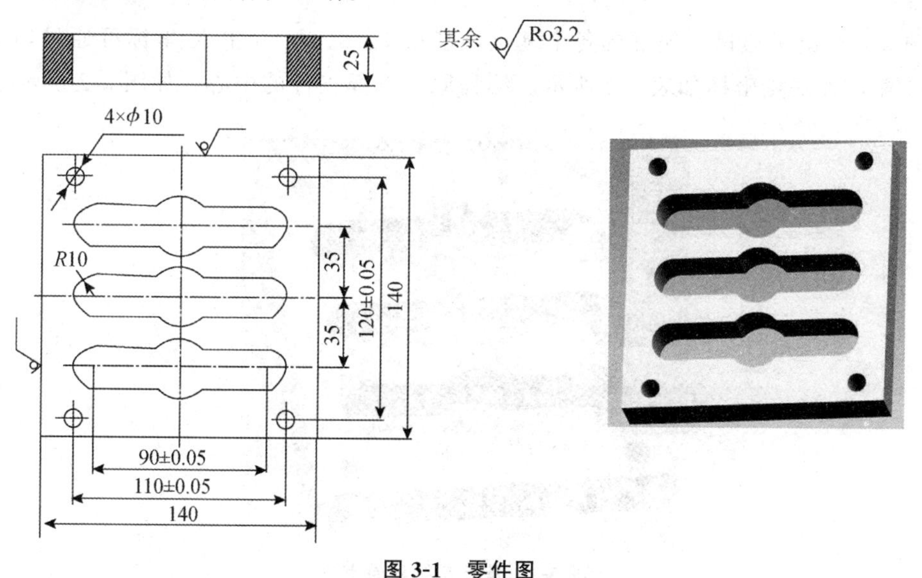

图3-1　零件图

1.1　项目任务分析

零件中3个通槽，槽的深度为25mm，加工时要采用分层铣，每次切削层深度根据机床的工艺系统及刀具材料、工件材料而定。因为分层铣，编程时将分层铣的程序作为子程序，通过M98 P□□□□□□□调用子程序来完成铣削。

3个通槽的结构形状相同，以加工1个槽的程序为子程序时，其他2个槽的加工也可通过M98 P□□□□□□□调用子程序来铣削。因些该零件加工时，主程序中包含了单个通槽的子程序，而单个通槽又包含分层铣的子程序，这里应用了两层子程序嵌套。

如果使用一个工件坐标系来编程，即仅以工件的中心为编程原点建立工件坐标系，因 3 个通槽的 Y 轴方向的坐标是变化的，当分层铣的子程序以绝对坐标编程时，铣其他 2 个通槽则不能通用，所以分层铣的子程序中铣轮廓各点的走刀要用相对坐标编程，不管刀具起点位置定在哪，各点间的相对距离是不变的。

根据零件图的尺寸精度和表面粗糙度要求，采用先粗铣再精铣加工方法。

1.2 项目任务编程分析

1.2.1 各基点坐标

图 3-2 标出了通槽 1 轮廓的各个基点，基点 1、8、4、5 中 X 坐标可通过勾股定律来计算，各基点坐标如表 3-1 所示。编程原点选择工件的中心，如图 3-2 所示。

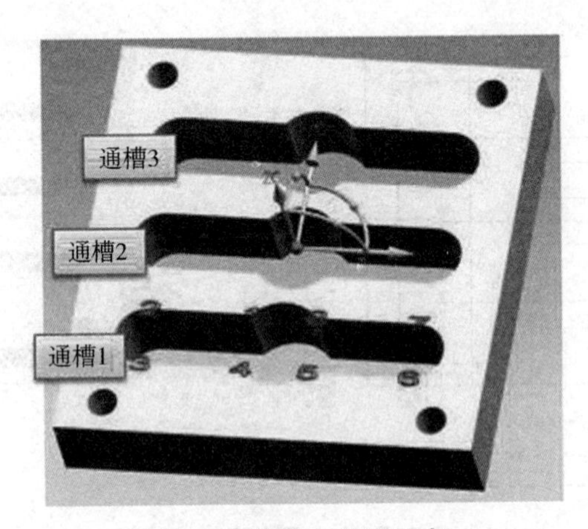

图 3-2 基点与编程原点

表 3-1 各基点坐标

基点 1	基点 2	基点 3	基点 4
−11.2，−25	−45，−25	−45，−45	−11.2，−45
基点 5	基点 6	基点 7	基点 8
11.2，−45	45，−45	45，−25	11.2，−25

1.2.2 坡走铣下刀方式

零件中 3 个通槽铣削直槽区域较窄，下刀方式采用坡走铣方式，即刀具三轴联动，

XY 平面走直线的同时 Z 轴方向下刀，坡走铣下刀方式如图 3-3 所示。

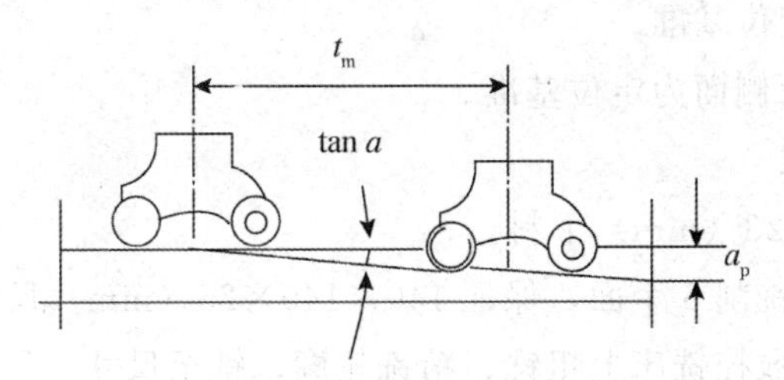

图 3-3　坡走铣下刀方式

图中 a_p 的值即为下刀深度，下刀深度除与机床的工艺系统、刀具材料、工件材料有关外，还与走刀直线的长度有关，长度较短时，则要分多次往返下刀，直至允许切深。

坡走铣下刀格式：G01 X－Y－Z－F－

图 3-4 为零件通槽 1 的坡走铣下刀效果图，程序段如图 3-4 所示。注意，坡走铣与螺旋下刀一样，有残留高度要去除，所以增加一个程序段 X－45，则可将残余高度铣平。

坡走铣程序段

……

X－45 Y－35　定位至左边圆心点

G01 Z0.5 F80　下刀至工件表面上方，距离要小

G01 X45 Y－35 Z－2 F80　坡走铣铣至右边圆心处，切深为 2mm

……

图 3-4　坡走铣效果图

1.3　项目实施

1.3.1　零件加工工艺方案

- 确定生产类型

拟定为单件小批量生产。

• 拟订工艺路线

（1）确定工件的定位基准。

以工件的底面和两侧面为定位基准。

（2）拟定工艺路线

1）按 145×145×28（mm）下料。

2）在普通铣床上铣削 6 个面，保证 140×140×25（mm）尺寸，去毛刺。

3）在加工中心或数控铣床上粗铣、精铣轮廓，铣至尺寸。

4）钻 4 个中心孔，钻孔。

4）去毛刺。

5）检验。

1.3.2 编制数控加工技术文档

（1）机械加工工艺过程卡

机械加工工艺过程卡如表 3-2 所示。

表 3-2 机械加工工艺过程卡

<table>
<tr><td colspan="3" rowspan="2">机械加工工艺过程卡</td><td>产品名称</td><td>零件名称</td><td colspan="2">零件图号</td></tr>
<tr><td></td><td>标牌模座</td><td colspan="2"></td></tr>
<tr><td>材料名称及牌号</td><td>45 钢</td><td>毛坯种类或材料规格</td><td colspan="2">145×145×28（mm）</td><td>总工时</td><td></td></tr>
<tr><td>工序号</td><td>工序名称</td><td>工序简要内容</td><td>设备名称及型号</td><td>夹具</td><td>量具</td><td>工时</td></tr>
<tr><td>10</td><td>下料</td><td>145×145×28</td><td>锯床</td><td></td><td>钢尺</td><td></td></tr>
<tr><td>20</td><td>铣面</td><td>粗铣 6 个面，铣至尺寸 140×140×26</td><td>普通铣床</td><td>平口钳</td><td>游标卡尺</td><td></td></tr>
<tr><td rowspan="3">30</td><td rowspan="3">数铣</td><td>精铣上、下表面</td><td rowspan="3">数控铣床</td><td rowspan="3">平口钳</td><td rowspan="3">游标卡尺</td><td rowspan="2"></td></tr>
<tr><td>粗铣 3 个通槽轮廓留精铣余量；精铣通槽轮廓至尺寸要求</td></tr>
<tr><td>钻中心孔，钻孔</td><td></td></tr>
<tr><td>40</td><td>检</td><td>按图纸要求检测尺寸</td><td></td><td></td><td>游标卡尺</td><td></td></tr>
<tr><td>编制</td><td></td><td>审核</td><td>批准</td><td></td><td>共 页</td><td>第 页</td></tr>
</table>

（2）数控加工工序卡

数控加工工序卡如表 3-3 所示。

表 3-3　数控加工工序卡

<table>
<tr><td colspan="7" rowspan="2">数控加工工序卡</td><td colspan="2">产品名称</td><td>零件名称</td><td colspan="2">零件图号</td></tr>
<tr><td colspan="2"></td><td>标牌模座</td><td colspan="2"></td></tr>
<tr><td>工序号</td><td>30</td><td>程序编号</td><td>O0311～O0313</td><td>材料</td><td>45 钢</td><td>数量</td><td>5</td><td>夹具名称</td><td>平口钳</td><td>加工设备</td><td></td></tr>
<tr><td rowspan="2">工步号</td><td colspan="3" rowspan="2">工步内容</td><td colspan="5">切削用量</td><td colspan="2">刀具</td><td>量具</td></tr>
<tr><td>V_C (m/min)</td><td colspan="2">n (r/min)</td><td>f (mm/min)</td><td>a_p (mm)</td><td>编号</td><td>名称</td><td>名称</td></tr>
<tr><td>1</td><td colspan="3">铣底面</td><td>60</td><td colspan="2">200</td><td>40</td><td>0.5</td><td>T1</td><td>ϕ100 面铣刀</td><td></td></tr>
<tr><td>2</td><td colspan="3">铣上表面</td><td>60</td><td colspan="2">200</td><td>40</td><td>0.5</td><td>T1</td><td>ϕ100 面铣刀</td><td></td></tr>
<tr><td>3</td><td colspan="3">粗铣三个通槽轮廓，留精铣余量 0.5mm</td><td>20</td><td colspan="2">800</td><td>100</td><td>2.6</td><td>T2</td><td>ϕ10 立铣刀</td><td>游标卡尺</td></tr>
<tr><td>4</td><td colspan="3">精铣三个通槽轮廓，铣至尺寸要求</td><td>30</td><td colspan="2">1200</td><td>80</td><td>2.6</td><td>T3</td><td>ϕ10 立铣刀</td><td>游标卡尺</td></tr>
<tr><td>5</td><td colspan="3">钻中心孔</td><td>8</td><td colspan="2">900</td><td>80</td><td>2</td><td>T4</td><td>ϕ2.5 中心钻</td><td>游标卡尺</td></tr>
<tr><td>6</td><td colspan="3">钻 ϕ10 孔</td><td>12</td><td colspan="2">400</td><td>45</td><td>25</td><td>T5</td><td>ϕ10 麻花钻</td><td>游标卡尺</td></tr>
<tr><td>编制</td><td colspan="3"></td><td>审核</td><td colspan="2"></td><td>批准</td><td colspan="2"></td><td>共　页</td><td>第　页</td></tr>
</table>

1.3.3　数控加工程序

精铣表面程序参照学习单元一项目 3 中的 3.1.4 走刀路线及 3.3.2 的铣表面程序。

粗铣通槽时，分 10 次下刀，每次下刀 2.6mm 深。精铣时，更换一把精铣刀，吃刀深度为 13mm，分 2 次铣完。单个槽分层铣走刀路线如图 3-5 所示。

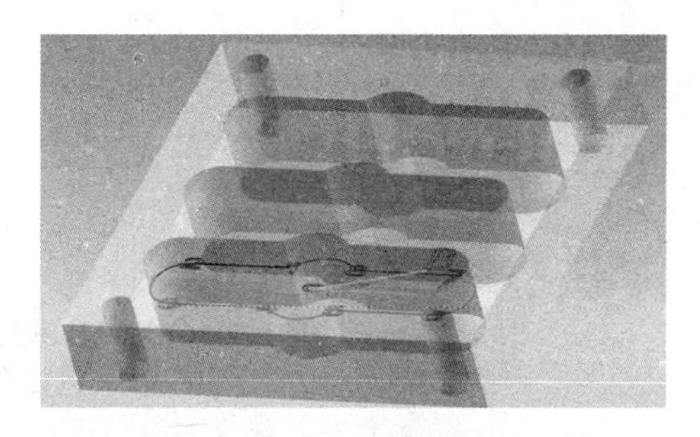

图 3-5　单个槽分层铣走刀路线

走刀路线如图 3-6 所示。

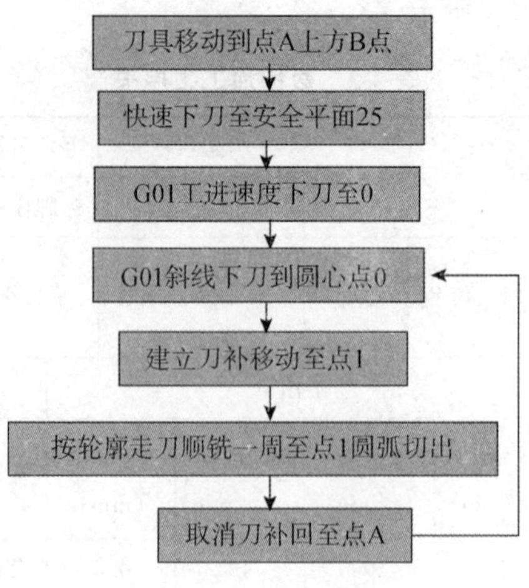

图 3-6 走刀路线

3 个通槽的开粗程序如表 3-4 所示。

表 3-4 3 个通槽轮廓加工程序卡（相对坐标编程方式）

零件名称	模板	数控系统	FANUC 0i	编制日期	
零件图号		程序号	O0311～O0312	编制	
主程序			子程序 (将建立刀补、走轮廓、取消刀补之间程序段作为子程序内容)		
O0311 G54 G90 G40 G0 Z50 M03 S700 G0 X45 Y－35 点 A 的上方 Z5 G1 Z0 F80 点 A M98 P100312 G90G0 Z5 绝对编程方式抬刀 G0 X45 Y0 定位至通槽 2 对应点 G1 Z0 F80 M98 P100312 G90G0 Z5 绝对编程方式抬刀 G0 X45 Y35 定位至通槽 3 对应点 G1 Z0 F80 M98 P100312 G90 G0 Z50 M05 M30			O0312 分层铣子程序 G91 X－45 Y0 Z－2.6 D01 以相对坐标走到中心点 O G41 G01 X－11.2 Y10 建立刀补走到点 1 G01 X－33.8 点 2 G03 X0 Y－20 R10 点 3 G01 X33.8 点 4 G03 X22.4 Y0 R15 点 5 G01 X33.8 点 6 G03 X0 Y20 R10 点 7 G01 X－33.8 点 8 G03 X－26.2 Y－10 R15 走到 R15 圆的第 3 象限点 G40 X60 取消刀补回到点 A M99		

表 3-4 中的分层铣子程序采用了相对坐标编程，各基点坐标还要进行计算，略为麻烦。根据这个图形，把另外 2 个通槽的中心点作为编程原点，分别建立 G55、G56 工件坐标系，如图 3-7 所示。分层铣的子程序则可以采用绝对坐标编程，程序如表 3-5 所示。

表 3-5　3 个通槽轮廓加工程序卡（绝对坐标编程方式）

<table>
<tr><td>零件名称</td><td>模板</td><td>数控系统</td><td>FANUC 0i</td><td>编制日期</td><td></td></tr>
<tr><td>零件图号</td><td></td><td>程序号</td><td>O0321～O0322</td><td>编制</td><td></td></tr>
<tr><td colspan="3">主程序</td><td colspan="3">程序说明</td></tr>
<tr><td colspan="3">O0321
G55 G90 G40 G0 Z50
M03 S700
G0 X45 Y0
Z5
G1 Z0 F80
M98 P100322
G0Z5
G54 G0 X45 Y0
G1 Z0 F80
M98 P100322
G0Z5
G56 G0 X45 Y0
G1 Z0 F80
M98 P100322
G0 Z50
M05
M30</td><td colspan="3">
选择以通槽 1 的中心为编程原点工件坐标系 G55

点 A 的上方

点 A

抬刀
切换到 G54 工件坐标系，定位至通槽 2 对应点

调用子程序加工通槽 2
抬刀
切换到 G56 工件坐标系，定位至通槽 3 对应点</td></tr>
<tr><td colspan="3">分层铣子程序</td><td colspan="3">(将建立刀补、走轮廓、取消刀补之间程序段作为子程序内容)</td></tr>
<tr><td colspan="3">O0322
G91 X−45 Y0 Z−2.6 D01
G90 G41 G01 X−11.2 Y10
G01 X−45
G03 X−45 Y−10 R10
G01 X−11.2
G03 X11.2 Y−10 R15
G01 X45
G03 X45 Y10 R10
G01 X11.2
G03 X−15 Y0 R15
G40 X45
M99</td><td colspan="3">
以相对坐标走到中心点 O
切换到绝对坐标方式，建立刀补走到点 1
点 2
点 3
点 4
点 5
点 6
点 7
点 8
走到 R15 圆的第 3 象限点
取消刀补回到点 A</td></tr>
</table>

表 3-3 与表 3-4 中的子程序对比，表 3-4 中的子程序走轮廓采用绝对坐标方式编程，各基点的坐标与零件图的标注尺寸相对应，不容易出错，也容易检查。

需要注意：表 3-4 中有多个工件坐标系，在以工件中心为编程原点对刀时，坐标系为 G54，而 G55、G56 的坐标系不需再对刀，仅在各轴对刀时同时将刀偏数据输入到 G55 和 G56 中，如 *X* 轴对刀时，同时将对刀数据输入到 G54、G55 和 G56 中，*Y* 轴和 *Z* 轴同理。其中 *X* 轴、*Z* 轴数据相同，而 *Y* 轴，G55 中的 *Y* 轴数据是在 G54 的数值上减去 35，G56 中的 *Y* 轴数据是在 G54 的数值上加上 35。多个工件坐标系对刀刀具偏置值的输入如图 3-8 所示。

图 3-7　多个工件坐标系示意图

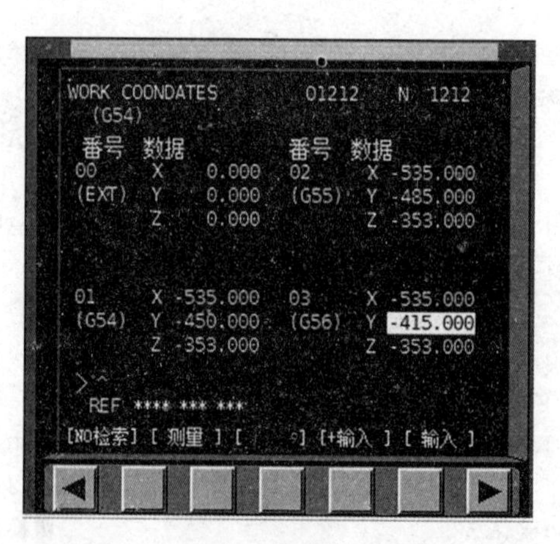

图 3-8　多个工件坐标系偏置值

1.3.4　试加工与调试

试加工与调试步骤如下。

（1）开机，进入数控加工仿真系统；

（2）回零；

（3）工件装夹与找正，并进行对刀；

（4）输入程序，并进行调试加工；

（5）自动加工；

（6）测量工件。

1.4　拓展训练任务

任务描述

按零件图纸要求加工凸台及腰形槽至尺寸技术要求，4 个 $\phi 8$ 的孔下道工序加工。零件图如 3-9 所示。

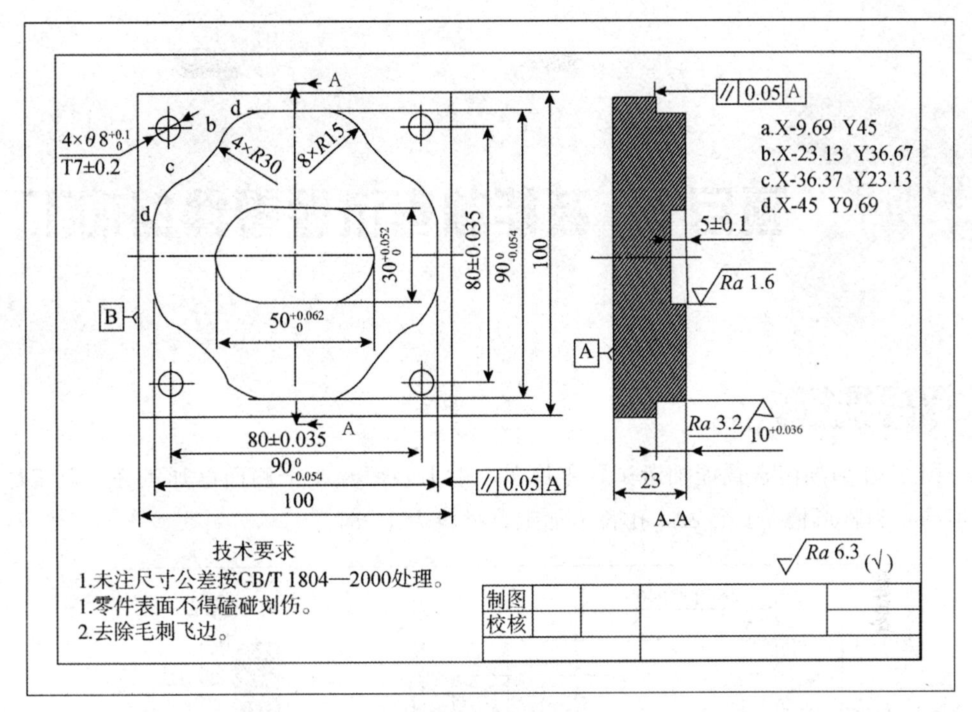

图 3-9　零件图

编程提示：在铣腰形槽时，尤其是槽宽较小时，建立刀补通常选择在直线的中点开始切入轮廓，避免在直线与圆弧的交点来建立刀补时产生过切。

项目 2　技能抽考试题零件的加工

任务描述

图 3-10 为湖南省技能抽考试题零件图，上下表面及 4 个侧面已加工完，此工序需加工凸台和腰形槽，4 个 $\phi 10$ 孔暂不加工，材料为 45 钢。

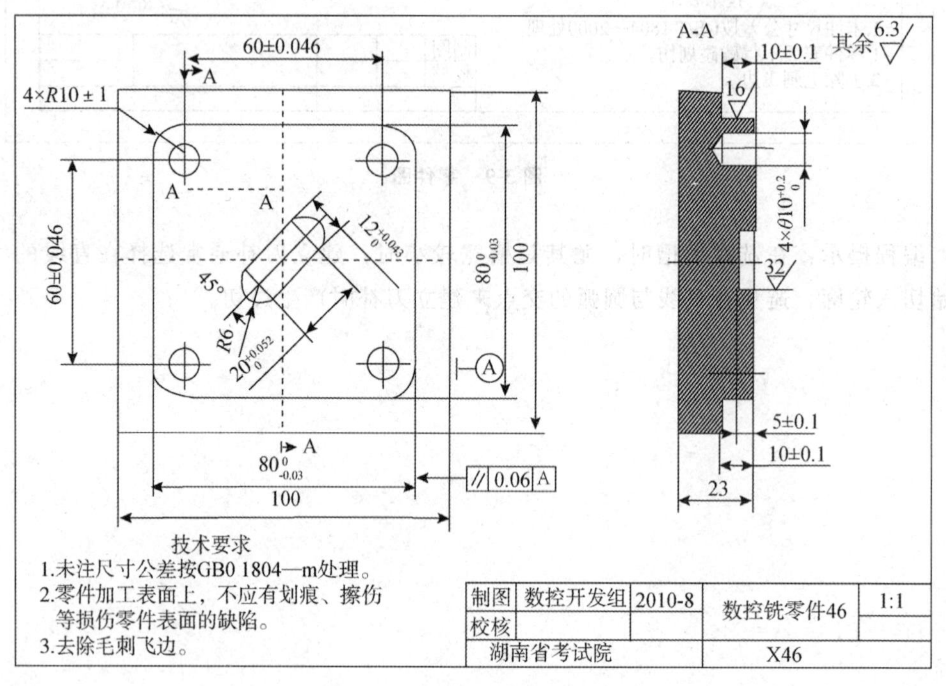

图 3-10　技能抽考试题零件图

2.1　项目任务分析

2.1.1　凸台的加工

凸台由 4 段直线和 4 段 R10 凸圆弧组成，插补指令用 G01 和 G02 或 G03。深

10mm，采用分层铣，每层切深为 2mm，选用 ϕ20 立铣刀来加工。

根据零件的尺寸精度和表面粗糙度要求，采用先粗铣后精铣的加工方法

2.1.2　腰形槽的加工

腰形槽的槽宽为 12mm，深为 5mm，采用分层铣，每层切深为 2.5mm，选用 ϕ10 立铣刀来加工，先粗铣后精铣。

2.2　项目任务编程分析

2.2.1　走刀路线的安排

对于凸台和腰形槽轮廓，都采用顺铣方式加工，编程时凸台轮廓为外轮廓，按顺时针方向走刀。而腰形槽轮廓为内轮廓，则按逆时针方向走刀。

2.2.2　腰形槽编程分析

腰形槽位置与水平轴成 45°，各基点的坐标要通过三角函数计算来确定。但如果将如图 3-11 所示的水平腰形槽逆时针旋转 45°后，即与零件图中的槽位置一致，如图 3-12 所示。在旋转图形的同时，将图 3-11 中的坐标系同时旋转 45°，各基点的坐标就相当于水平位置的坐标了，坐标直观，无须计算。

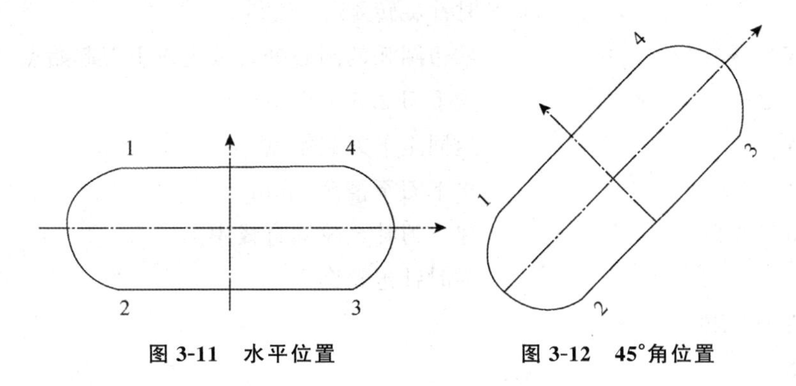

图 3-11　水平位置　　　　图 3-12　45°角位置

2.2.3　工件坐标系旋转功能指令 G68、G69

该指令可使编程图形按照旋转中心及旋转方向旋转一定的角度。G68 表示旋转坐标系开始，G69 表示撤销旋转。

编程格式与各指令字的含义如表 3-6 所示。

表 3-6 工件坐标系旋转功能 G68

编程格式	各指令字的含义
G17 G68 X—Y—R—旋转开始 (G18 G68 X—Z—R— G19 G68 Y—Z—R— M98 P—) G69 旋转结束	X—、Y—为图形旋转中心的坐标值（G18、G19 坐标平面时对应 X—Z—及 Y—Z—），X—、Y—省略时则以当前位置为旋转中心 R—旋转角度，与水平轴的夹角。逆时针旋转时取正值，顺时针旋转取负值，根据 G90 或 G91 来确定是绝对值还是相对值

注意：当程序采用绝对方式编程时，G68 程序段后的第一个程序段必须使用绝对坐标指令，才能确定旋转中心。如果这一程序段为增量值，那么系统将以当前位置为旋转中心，按 G68 给定的角度旋转坐标。

2.2.4 G68 指令应用示例

图 3-10 零件中腰形槽的加工程序如下，先用 G68 旋转工件坐标系，再将腰形槽按水平位置来编程，走完轮廓后再用 G69 取消旋转功能。

```
O3002
G54 G90 G40 G49 M03 S1500 Z50
Z5
G01 Z0 F60
G68 X0 Y0 R45            工件坐标系旋转开始，以编程原点为旋转中心，逆
                         时针旋转 45°
X10 Y0                   右边圆弧的圆心处，坡走铣下刀起始点
X0 Y0 Z-2.5              先下刀 2.5mm 深
X10 Y0                   返回至下刀起始点
X0 Y0 Z-5                再下刀至槽深 5mm
G41X0 Y6 D01             建立刀补至轮廓直线中点
X-10                     逆时针走轮廓
G03 Y-6 R6
G01 X10
G03 Y6 R6
G01 X-5                  走刀至 X-5 以消除建立刀补时引起的欠切余量
Y0
G40G0 Z50                取消刀补，抬刀
G69                      旋转结束
M05
M30
```

2.3　项目实施

2.3.1　零件加工工艺方案

• 确定生产类型

拟定为单件小批量生产。

• 拟订工艺路线

（1）确定工件的定位基准。

以工件的底面和两侧面为定位基准面。

（2）拟定工艺路线

1）按 105×105×20（mm）下料。

2）在普通铣床上铣削 6 个面，保证 100×100×23（mm）尺寸，去毛刺。

3）在加工中心或数控铣床上粗铣、精铣凸台及腰形槽轮廓，铣至尺寸。

4）钻中心孔。

5）钻孔。

6）检验。

2.3.2　编制数控加工技术文档

（1）机械加工工艺过程卡

机械加工工艺过程卡如表 3-7 所示。

表 3-7　机械加工工艺过程卡

机械加工工艺过程卡			产品名称	零件名称	零件图号	
				X46	X46	
材料名称及牌号	45 钢	毛坯种类或材料规格	105×105×25（mm）		总工时	
工序号	工序名称	工序简要内容	设备名称及型号	夹具	量具	工时
10	下料	105×105×25	切割机		钢尺	
20	铣面	粗、精铣 6 个面 铣至尺寸 100×100×23	普通铣床	平口钳	游标卡尺	
30	数铣	粗铣凸台及腰形槽轮廓留精铣余量 精铣轮廓至尺寸要求	数控铣床	平口钳	游标卡尺 千分尺	
		钻中心孔，钻孔				

续表

机械加工工艺过程卡				产品名称		零件名称	零件图号	
						X46	X46	
40	检	按图纸要求检测尺寸					游标卡尺 千分尺	
编制		审核		批准		共　页	第　页	

(2) 数控加工工序卡

数控加工工序卡如表 3-8 所示。

表 3-8　数控加工工序卡

数控加工工序卡					产品名称	零件名称	零件图号	
						X46	X46	
工序号	30	程序编号 O3120~O3124	材料 45 钢	数量 5	夹具名称	平口钳	加工设备	
工步号	工步内容	切削用量				刀具		量具
		V_C (m/min)	n (r/min)	f (mm/min)	a_p (mm)	编号	名称	名称
1	粗铣凸台轮廓，留精铣余量 0.5mm	20	800	100	2	T1	ϕ10 立铣刀	游标卡尺 千分尺
2	精铣凸台轮廓铣至尺寸	30	1200	80	10	T2	ϕ20 立铣刀	游标卡尺 千分尺
3	粗铣腰形槽轮廓留精铣余量 0.5mm	20	800	100	2.5	T3	ϕ10 立铣刀	游标卡尺 千分尺
4	精铣腰形槽轮廓铣至尺寸要求	30	1200	80	5	T4	ϕ10 立铣刀	游标卡尺 千分尺
5	钻中心孔	8	900	80	2	T5	ϕ2.5 中心钻	游标卡尺
6	钻 ϕ10 孔	12	400	45	25	T6	ϕ10 麻花钻	游标卡尺
编制		审核	批准				共　页	第　页

2.3.3　数控加工程序

凸台轮廓加工程序卡如表 3-9 所示，腰形槽轮廓加工程序卡如表 3-10 所示。

表 3-9　凸台轮廓加工程序卡

零件名称	X46	数控系统	FANUC 0i	编制日期	
零件图号	X46	程序号	O3120～O3121	编制	

主程序	程序说明
O3120	
G54 G90 G40 G0 Z50	
M03 S500	
G0 X－65 Y0	定位在轮廓外
Z5	快速下刀工件表面上方
G1 Z0 F100	工进速度下至工件表面
M98 P053120	调用子程序
G0 Z100	抬刀
M05	
M30	
分层铣子程序	（将建立刀补、走轮廓、取消刀补之间程序段作为子程序内容）
O3121	
G91 G01 Z－2 F100	相对坐标方式下刀，在原深度再下刀 2mm
G90 G41 G01 X－40 D01	建立刀补走到轮廓直线边中点，切换到绝对坐标方式
G01Y30	顺铣方式，开始顺时针走刀铣轮廓
G02 X－30 Y40 R10	
G01 X30	
G02 X40 Y30 R10	
G01Y－30	
G02 X30 Y－40 R10	
G01 X－30	
G02 X－40 Y－30 R10	
G01 Y10	若走轮廓回到切入点 Y0 时，会有残余量要消除
X－65	切出工件
G40Y0	取消刀补
M99	子程序结束指令

表 3-10 腰形槽轮廓加工程序卡

零件名称	X46	数控系统	FANUC 0i	编制日期	
零件图号	X46	程序号	O3122～O3123	编制	

主程序	程序说明
O3122	
G54 G90 G40 G0 Z50	
M03 S500	
G0 X0 Y0	定位在轮廓中心上方
Z5	快速下刀工件表面上方
G68 X0 Y0 R45	以编程原点为旋转中心，将工件坐标系旋转 45°
G1 Z0 F100	工进速度下至工件表面
M98 P053120	调用子程序
G69	取消工件坐标系旋转功能
G0 Z100	抬刀
M05	
M30	
分层铣子程序	（将建立刀补、走轮廓、取消刀补之间程序段作为子程序内容）
O3122	（主程序中刀具定位在 X0 Y0 处）
G91 G01 X10 Z－2.5 F100	相对坐标方式，坡走铣至腰形槽右侧圆心下刀 2.5mm
G90 X0	
G41G01 Y6 D01	建立刀补走到轮廓直线边中点，切换到绝对坐标方式
X－10	顺铣方式，开始逆时针走刀铣轮廓
G03 Y－6 R6	
G01 X10	
G03 Y6 R6	
G01X－6	若走轮廓回到切入点 X0 时，会有残余量要消除
Y0	退刀
G40X0	取消刀补并回到原定位点
M99	子程序结束指令

2.3.4 试加工与调试

试加工与调试步骤如下。

（1）开机，进入数控加工仿真系统；

（2）回零；

（3）工件装夹与找正，并进行对刀；

（4）输入程序，并进行调试加工；

（5）自动加工；

（6）测量工件。

2.4　拓展训练任务

任务描述

按零件图纸要求加工凸台及型腔至尺寸技术要求，4 个 $\phi10$ 深 7 的孔下道工序加工。零件图如图 3-13 所示。

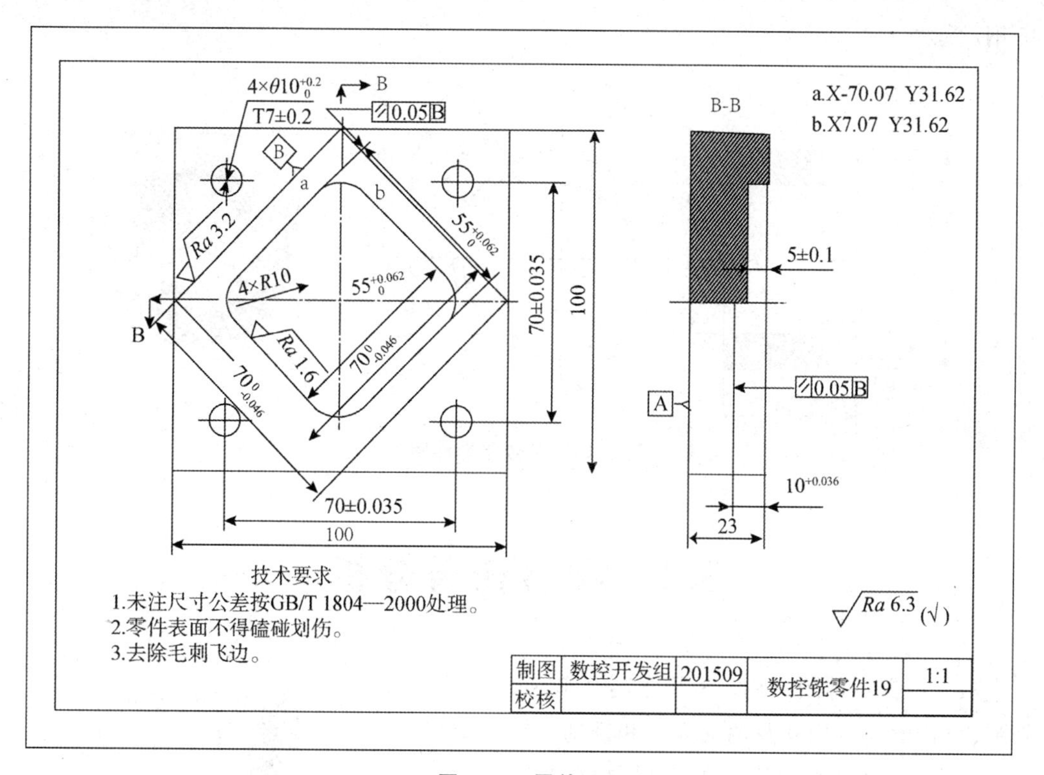

图 3-13　零件图

编程提示：在铣外轮廓时，不用借助 G68 指令来旋转工件坐标系来编程，仅在铣型腔时要用 G68 旋转功能。但图中给出了点 a 和点 b 的坐标，若根据给出的坐标来编程，则不用 G68 旋转功能指令，但编程时坐标值的输入要稍微复杂些。

项目3 离合器零件

任务描述

图 3-14 为离合器零件图，零件按图纸要求合理安排加工工艺。毛坯为棒料，材料为 45 钢。

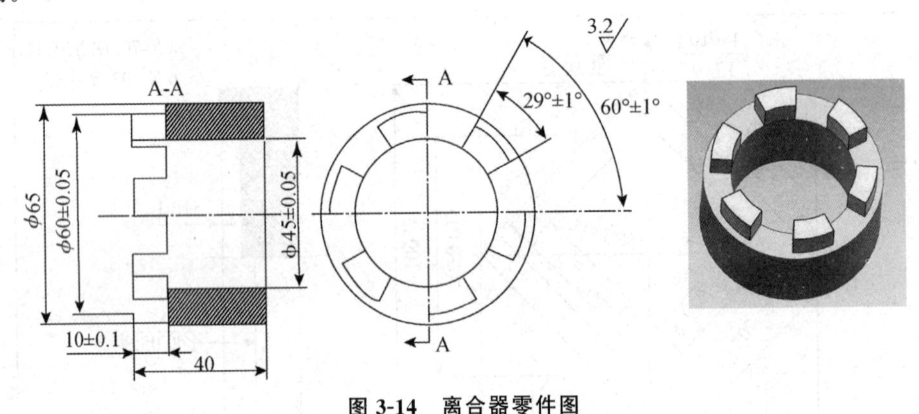

图 3-14 离合器零件图

3.1 项目任务分析

（1）根据零件的结构，采用车削（车 $\phi65$，$\phi60\pm0.05$ 外圆、$\phi45\pm0.05$ 内孔及两端面）和铣削（铣六个定位槽）加工方法。车削工序完毕零件三维图如图 3-15 所示。

图 3-15 车削工序三维图

（2）铣定位槽时为提高表面质量，采用顺铣方式，按顺时针安排走刀路线。

（3）根据零件的尺寸精度及表面粗糙度要求，车削采用粗车和半精车加工，铣削采用粗铣和精铣加工。

（4）零件定位槽的加工深度为 10mm，开粗时分层铣削每次铣深 2mm，粗铣时留精铣余量 0.4mm。精加工时吃刀量较小为 0.4mm，下刀深度为 10mm。

(5) 夹具选择：三爪卡盘。

(6) 铣削刀具选择：选择高速钢立铣刀，刀具直径要根据定位槽的最小弦长来确定。零件空位槽最小弦长如图 3-16 所示，刀具直径定为 ϕ10。

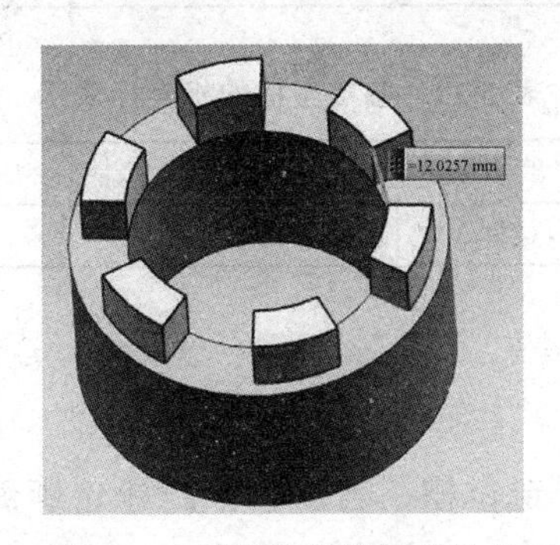

图 3-16　零件定位槽最小弦长

3.2　项目任务编程分析

3.2.1　铣定位槽走刀路线安排

铣削定位槽时按凸牙轮廓走刀或按凹槽轮廓走刀，两种走刀路线均采用顺铣方式。凸牙轮廓走刀路线如图 3-17 所示，凹槽轮廓走刀路线如图 3-18 所示。按图 3-18 走刀路线走刀，在点 2 和点 4 拐角处将会发生欠切，存在残余余量，在编程时要将点 2 和点 4 延伸出去。

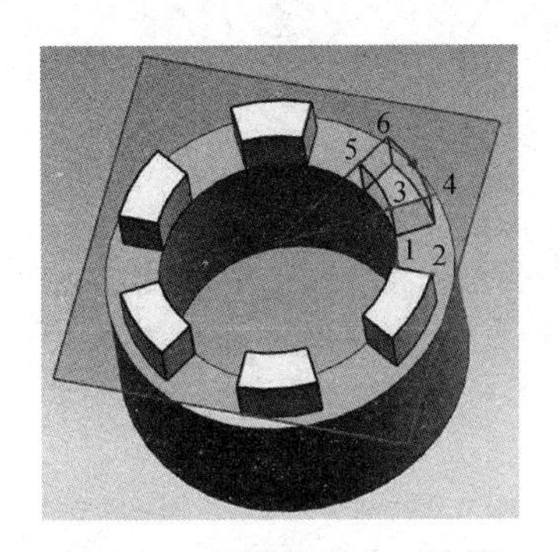

图 3-17　凸牙轮廓走刀路线

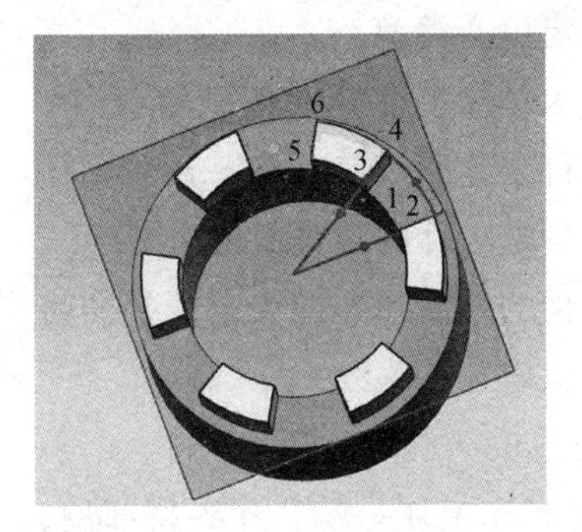

图 3-18　凹槽轮廓走刀路线

3.2.2　各基点坐标

凸牙和凹槽各基点坐标若用直角坐标系来表达，则要进行正弦函数和余弦函数计算，计算结果如表 3-11 所示。但图形上各点与水平轴的夹角 θ 及与圆心的距离 ρ 均已知，显而易见，采用极坐标来编程可省略三角函数计算步骤。用极坐标表示各点坐标如表 3-12 所示。

表 3-11 基点坐标

点 1	点 2	点 3	点 4	点 5	点 6
22.5，0	30，0	19.286，11.588	25.715，15.451	11.25，19.485	15，25.98

表 3-12 基点坐标的极坐标表示

点 1	点 2	点 3	点 4	点 5	点 6
22.5，0	30，0	22.5，31	30，31	22.5，60	30，60

3.2.3 编程指令

因零件每隔 60°分布一个定位槽，当以一个凸牙轮廓编程后，若将零件旋转 60°，则下一个凸牙轮廓与第一个位置相同，此时工件坐标系不动。若将零件不动，而将工件坐标系沿相反方向旋转 60°，则效果相同。像这样图形结构的零件在编程时均可采用 G68X－Y－R－坐标系旋转指令来编程。

零件定位槽的加工深度为 10mm，开粗时分层铣削每次铣深 2mm，采用调用子程序方法来实现加工。

3.3 项目实施

3.3.1 零件加工工艺方案

· 确定生产类型。

拟定为单件小批量生产。

· 拟订工艺路线

(1) 确定工件的定位基准。

以工件的端面和外圆为定位基准面。

(2) 拟定工艺路线

1) 按 ϕ68×45 (mm) 下料。

2) 先粗车毛坯一端，作夹持部位。

3) 夹已车部位，平端面，钻中心孔、钻 ϕ20 通孔，粗车、半精车内孔及 ϕ65 外圆。

4) 调头夹 ϕ65 外圆，平端面保证总长 40，粗车、半精车 ϕ60 外圆。

5) 粗铣、精铣定位槽。

6) 检验。

3.3.2 编制数控加工技术文档

(1) 机械加工工艺过程卡

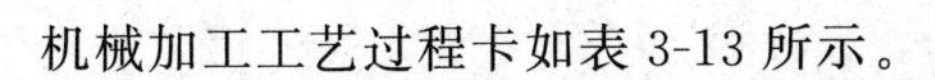

机械加工工艺过程卡如表 3-13 所示。

表 3-13　机械加工工艺过程卡

机械加工工艺过程卡			产品名称	零件名称	零件图号	
				离合器		
材料名称及牌号	45 钢	毛坯种类或材料规格	ϕ68×45（mm）		总工时	
工序号	工序名称	工序简要内容	设备名称及型号	夹具	量具	工时
10	下料	ϕ68×45	锯床		游标卡尺 钢尺	
20	数车	平端面，钻 ϕ20 通孔，粗车、半精车 ϕ65 外圆及 ϕ45 内孔至尺寸要求 平端面，粗车、半精车 ϕ60 外圆至尺寸要求	数控车床	三爪卡盘	游标卡尺 千分尺	
30	数铣	粗铣、精铣定位槽至尺寸要求	数控铣床	三爪卡盘	游标卡尺 角度尺	
40	检	按图纸要求检测尺寸			游标卡尺 千分尺 卡规	
编制		审核		批准	共　页	第　页

（2）数控加工工序卡

数控加工工序卡如表 3-14 所示。

表 3-14　数控加工工序卡

数控加工工序卡							产品名称		零件名称	零件图号	
									离合器		
工序号	30	程序编号	O3126～O3127	材料	45 钢	数量	5	夹具名称	三爪卡盘	加工设备	数控铣床
工步号	工步内容		切削用量				刀具			量具	
			V_C (m/min)	n (r/min)	f (mm/min)	a_p (mm)	编号	名称		名称	
1	粗铣凸牙轮廓留精铣余量 0.5mm		20	800	100	2	T1	ϕ10 立铣刀		游标卡尺 角度尺	
2	精铣凸牙轮廓铣至尺寸		30	1200	80	10	T2	ϕ10 立铣刀		游标卡尺 角度尺	
编制			审核		批准				共　页	第　页	

3.3.3 数控加工程序

铣凸牙轮廓加工程序卡如表 3-15 所示。

表 3-15 铣凸牙轮廓加工程序卡

零件名称	离合器	数控系统	FANUC 0i	编制日期	
零件图号		程序号	O3326～O3327	编制	

主程序	程序说明
O3326	
G54 G90 G40 G49 M03 S500 Z100	
X0 Y0	φ45 孔已加工完，定位在孔心
Z5	快速下刀工件表面上方
G01 Z0 F80	工进速度下至工件表面
M98 P053327	调用子程序分 5 次下刀加工第 1 个凸牙
G0 Z0	抬刀 Z0 位置，为下一个凸牙加工作准备
G68 X0 Y0R60	工件坐标系旋转 60°，旋转中心为孔心
M98 P053327	调用子程序再次加工第 2 个凸牙
G0 Z0	以下依次类推
G68 X0 Y0R60	
M98 P053327	
G0 Z0	
G68 X0 Y0R120	
M98 P053327	
G0 Z0	
G68 X0 Y0R180	
M98 P053327	
G0 Z0	
G68 X0 Y0R240	
M98 P053327	
G0 Z0	
G68 X0 Y0R300	
M98 P053327	
G90 G0 Z50	加工完毕抬刀
G69	工件坐标系旋转功能结束
M05	
M30	

续表

零件名称	离合器	数控系统	FANUC 0i	编制日期	
分层铣子程序			(将建立刀补、走轮廓、取消刀补之间程序段作为子程序内容)		
O3327 G91 G01 Z−2 F80 G90 G41 G16 X15 Y60 D01 G01 X22.5 Y60 F80 G01 X30 G02 X30 Y31 R30 G01 X15 Y31 G40 G15 X0 Y0 M99			子程序号 相对坐标方式下刀，在原深度再下刀 2mm 极坐标方式开始，在点 5 和点 6 延长线上建立刀补 顺铣方式走刀至点 5，开始顺时针走刀铣凸牙轮廓 直线插补点 6 圆弧插补至点 4 直线插补至点 3 和点 4 延长线上一点 取消刀补回到起始点 子程序结束指令		

表 3-15 中的主程序太长，若将 G68 指令格式中旋转角度采用相对坐标，即可以将程序优化。优化程序如表 3-16 所示。

表 3-16　优化程序

零件名称	离合器	数控系统	FANUC 0i	编制日期	
零件图号		程序号	O3326～O3328	编制	
主程序			程序说明		
O3326 G54 G90 G40 G49 M03 S500 Z100 X0 Y0 Z5 G01 Z0 F80 M98 P063328 G90 G0 Z50 G69 M05 M30			 ϕ45 孔已加工完，定位在孔心 快速下刀工件表面上方 工进速度下至工件表面 调用子程序 6 次 加工完毕抬刀 工件坐标系旋转功能结束		
子程序			工件坐标系旋转间歇角度变化子程序		
O3328 M98 P053327 G0 Z0 G68X0 Y0 G91 R60 M99			分层铣凸牙子程序 铣完一个凸牙轮廓后提刀 以相对角度值旋转工件坐标系 子程序结束		

续表

零件名称	离合器	数控系统	FANUC 0i	编制日期	
分层铣子程序			将建立刀补、走轮廓、取消刀补之间程序段作为子程序内容		
O3327 G91 G01 Z−2 F80 G90 G41 G16 X15 Y60 D01 G01 X22.5 Y60 F80 G01 X30 G02 X30 Y31 R30 G01 X15 Y31 G40 G15 X0 Y0 M99			子程序号 相对坐标方式下刀，在原深度再下刀 2mm 极坐标方式开始，在点 5 和点 6 延长线上建立刀补 顺铣方式走刀至点 5，开始顺时针走刀铣凸牙轮廓 直线插补点 6 圆弧插补至点 4 直线插补至点 3 和点 4 延长线上一点 取消刀补回到起始点 子程序结束指令		

3.3.4 试加工与调试

试加工与调试步骤如下。

（1）开机，进入数控加工仿真系统；

（2）回零；

（3）工件装夹与找正，并进行对刀。

本次项目任务零件的毛坯为棒料，对刀与矩形毛坯有些不同，尤其是在仿真加工时操作步骤要注意。棒料毛坯对刀如图 3-19 所示。

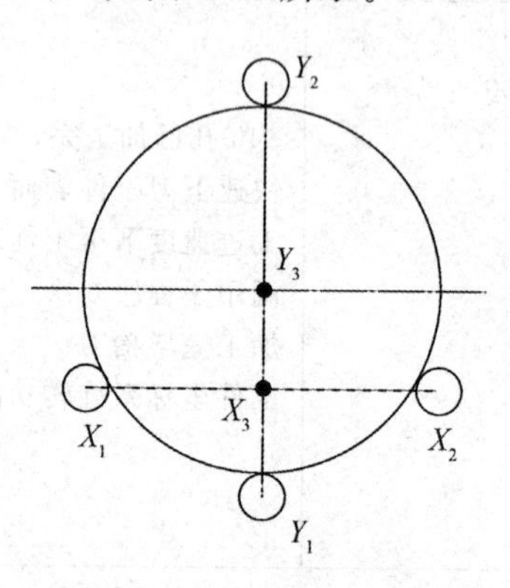

图 3-19 棒料毛坯对刀

X 轴对刀方法：

先下刀到圆形工件的左侧，手动和手动脉冲步骤调整移动刀具接触工件左侧面，记下此时的绝对坐标 X_1（或将此时的 X 轴坐标值用相对坐标起源设为 0）；手动沿 Z 轴方向提刀，再沿 X 轴移动（记住不能移动 Y 轴。）刀具到工件右侧，同样通过手动和手动脉冲步骤调整，使刀具接触工件右侧，记下此时的坐标 X_2（或记下显示的 X 轴

相对坐标值)；计算出 $X_3=(X_2-X_1)/2$ 的结果（将显示的 X 轴坐标值除以 2），将计算好的数值加上前缀 X 输入，单击“测量”按键。

Y 轴对刀方法：

Y 轴对刀方法与 X 轴对刀相似，只是测量的点选择在工件的前后两个侧面，提刀后刀具只能沿 Y 轴移动，而不能沿 X 轴方向移动。

（4）输入程序，并进行调试加工；

（5）自动加工；

（6）测量工件。

3.4　拓展训练任务

任务描述

按零件图纸要求加工凸台、圆孔及圆弧槽至尺寸技术要求，2 个 $\phi10$ 的孔下道工序加工。零件图如图 3-20 所示。

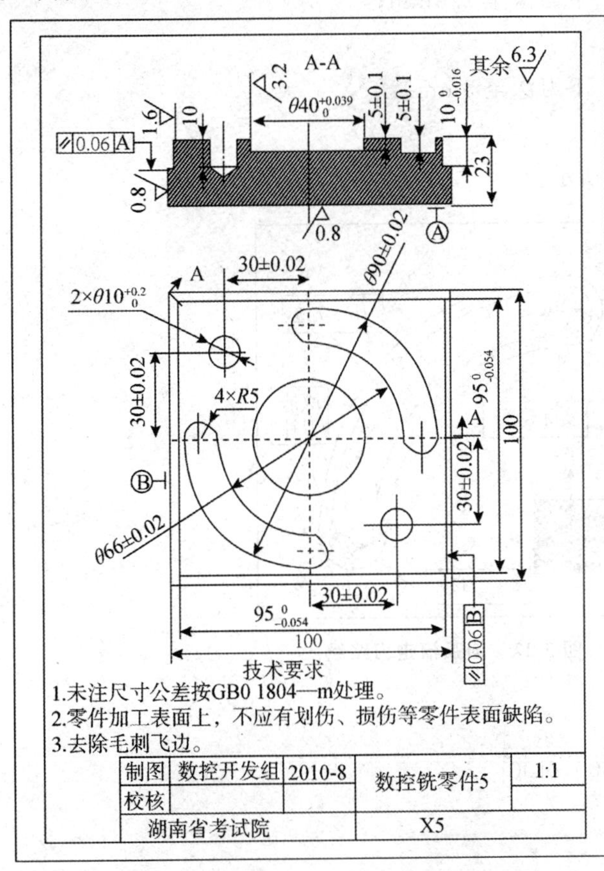

图 3-20　零件图

编程提示：

(1) 圆弧槽加工下刀方式

圆弧槽加工下刀路线如图 3-21 所示。

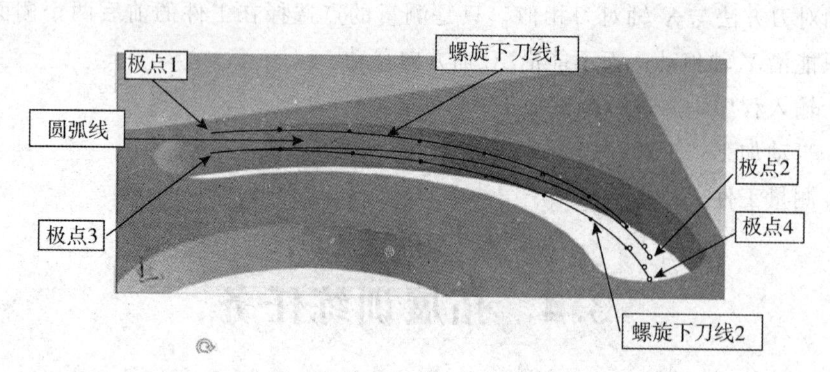

图 3-21 圆弧槽加工下刀路线

图 3-21 中极点 1 与极点 3 的平面坐标为 *X*0，*Y*39；极点 2 与极点 4 的平面坐标为 *X*39，*Y*0。分两次下刀，下刀路线为：

- 极点 1 螺旋线至极点 2，下刀深至 2.5mm；
- 极点 2 圆弧线至极点 3；
- 极点 3 螺旋线至极点 4，下刀深至 5mm。

(2) 圆弧槽走刀路线

圆弧槽走刀路线如图 3-22 所示。

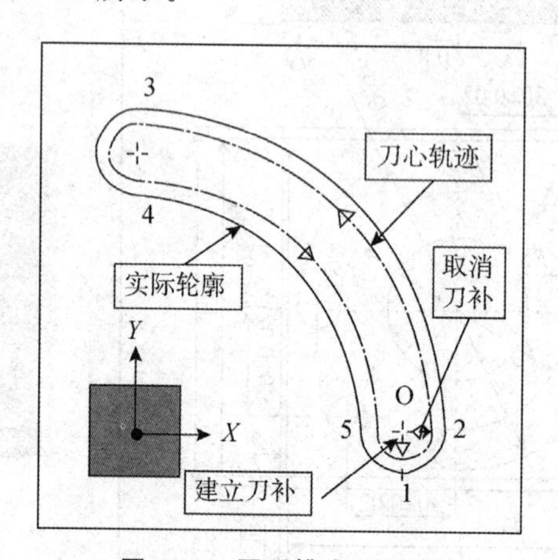

图 3-22 圆弧槽走刀路线

单个圆弧槽加工程序如下：

G54 G90 G40 G49 M03 S800 Z100

G0 X0 Y39

G01 Z0.5 F80

```
G02 X39 Y0 R39 Z-2.5
G03 X0 Y39 R39
G02 X39 Y0 R39 Z-5
G41 G01 X39 Y-6 D01 F80
G03 X45 Y0 R6
G03 X0 Y45 R45
G03 X0 Y33 R6
G02 X33 Y0 R45
G03 X39 Y6 R-6
G40 G01 X39 Y0
G0 Z50
M05
M30
```

编程提示：在铣削圆孔时，可以不建立刀补，在原半径的基础上直接偏移一个刀具半径值，用G02/G03X—Y—I—J—来编程较方便。

任务描述

按零件图纸要求加工凸台、圆弧槽至尺寸技术要求，4个ϕ10的孔下道工序加工。零件图如图3-23所示。

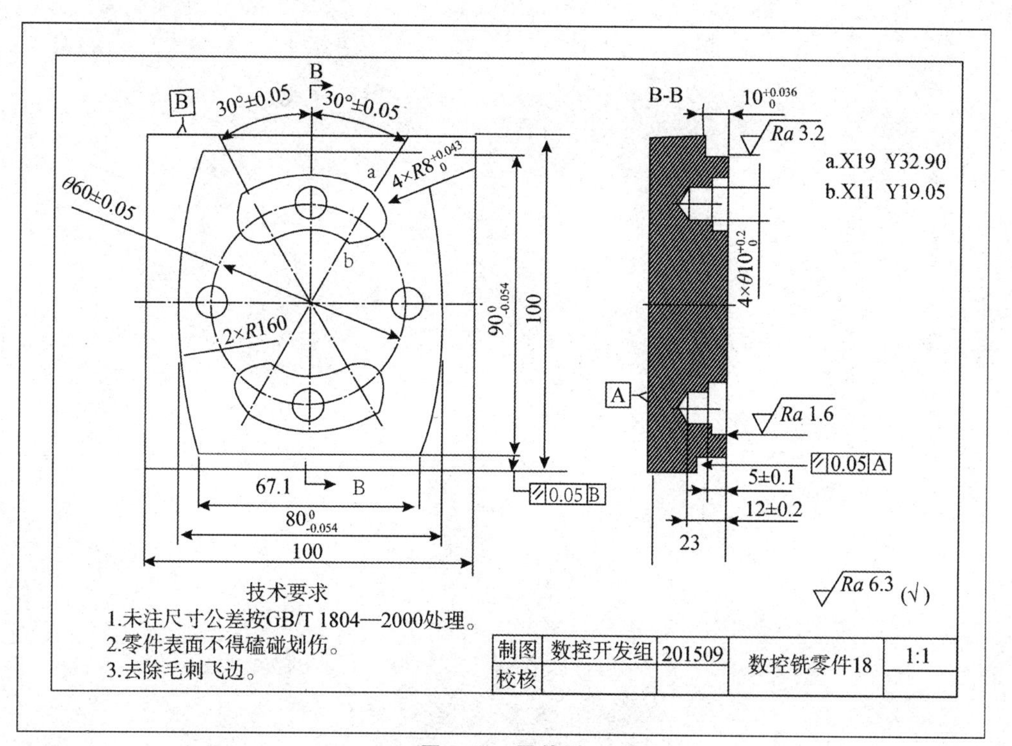

图 3-23　零件图

学习单元四

孔类零件的加工

项目1　垫板零件的孔加工

图4-1为垫板零件图，按零件图纸要求合理安排加工工艺。毛坯为块料，尺寸为100mm×100mm×28mm，材料为45钢。

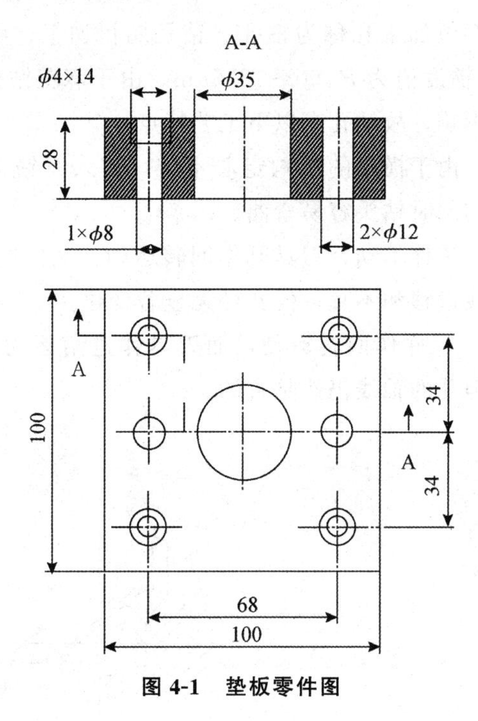

图4-1　垫板零件图

1.1　项目任务分析

1.1.1　零件结构分析

零件毛坯为块料，尺寸为100mm×100mm×28mm；工件的中心有一个尺寸为ϕ35的孔；其他孔程对称分布，编程时选择工件的中心为编程原点。

1.1.2　零件的加工方法

由于对孔的加工精度要求不高，从经济高效、满足质量要求出发，采用钻孔加工。

1.2　钻孔加工方法

当内孔表面尺寸精度和表面粗糙度要求不高时，采用钻孔加或扩孔加工。

1.2.1　钻孔

用钻头在工件实体部位加工孔称为钻孔。钻孔属粗加工，可达到的尺寸公差等级为IT13～IT11，表面粗糙度值为Ra50～12.5μm。由于麻花钻长度较长，钻芯直径小而刚性差，又有横刃的影响，故钻孔有以下工艺特点：

(1) 钻头容易偏斜。由于横刃的影响定心不准，切入时钻头容易引偏；且钻头的刚性和导向作用较差，切削时钻头容易弯曲。

①在钻床上钻孔时，工件不动，刀具既作回转运动，又作进给运动，如图 4-2 (a) 所示，容易引起孔的轴线偏移和不直，但孔径无显著变化。

②在车床上钻孔时，工件作回转运动，而刀具作进给运动，如图 4-2 (b) 所示，容易引起孔径的变化，但孔的轴线仍然是直的。

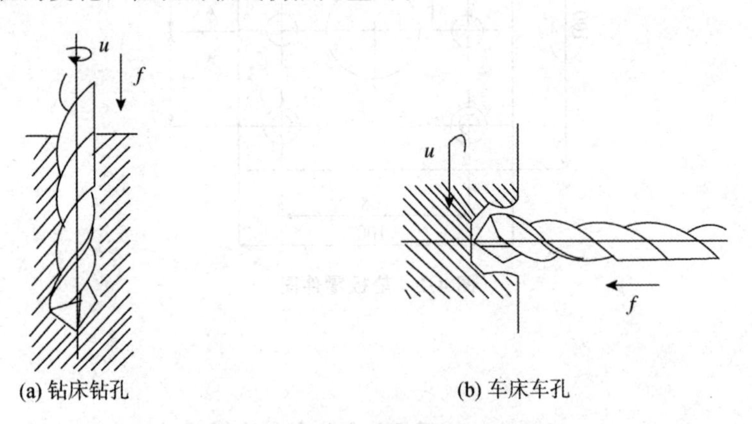

图 4-2　两种钻削方式引起的孔的误差

因此，在钻孔前应先加工端面，并用钻头或中心钻预钻一个锥坑，如图 4-3 所示，以便钻头定心。钻小孔和深孔时，为了避免孔的轴线偏移和不直，应尽可能采用工件回转方式进行钻孔。

(2) 孔径容易扩大。钻削时钻头两切削刃径向力不等将引起孔径扩大；卧式车床钻孔时的切入引偏也是孔径扩大的重要原因；此外钻头的径向跳动等也是造成孔径扩大的原因。

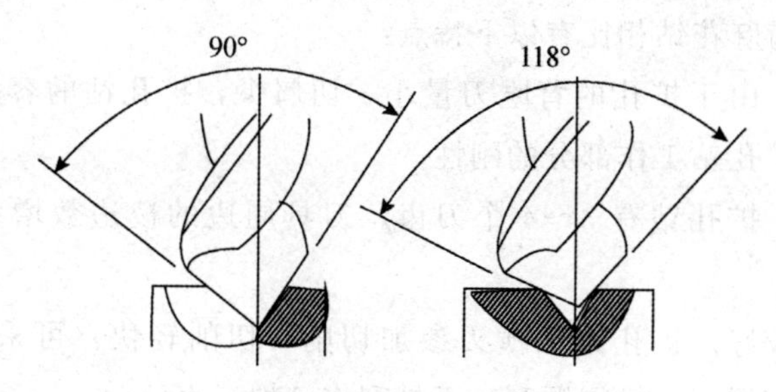

图 4-3　钻孔前预钻锥孔

(3) 孔的表面质量较差。钻削切屑较宽，在孔内被迫卷为螺旋状，流出时与孔壁发生摩擦而刮伤已加工表面。

(4) 钻削时轴向力大。这主要是由钻头的横刃引起的。实验表明，钻孔时 50%的轴向力和 15%的扭矩是由横刃产生的。因此：

当钻孔直径 $D>30\text{mm}$ 时，一般分两次进行钻削。第一次钻出（0.5～0.7）D，第二次钻到所需的孔径。由于横刃第二次不参加切削，故可采用较大的进给量，使孔的表面质量和生产率均得到提高。

1.2.2　扩孔

扩孔是用扩孔钻对已钻出的孔做进一步加工，以扩大孔径并提高精度和降低表面粗糙度值。扩孔可达到的尺寸公差等级为 IT11～IT10，表面粗糙度值为 Ra12.5～6.3μm，属于孔的半精加工方法，常作铰削前的预加工，也可作为精度不高的孔的终加工。

扩孔方法如图 4-4 所示，扩孔余量（$D-d$），可由表查阅。一般工件的扩孔使用麻花钻，对于精度要求高或生产批量较大时要用扩孔钻，扩孔钻的形式随直径不同而不同。直径为 ϕ10～ϕ32 的为锥柄扩孔钻，如图 4-5（a）所示。直径 ϕ25～ϕ80 的为套式扩孔钻，如图 4-5（b）所示。

扩孔加工余量为 0.4～0.5mm。

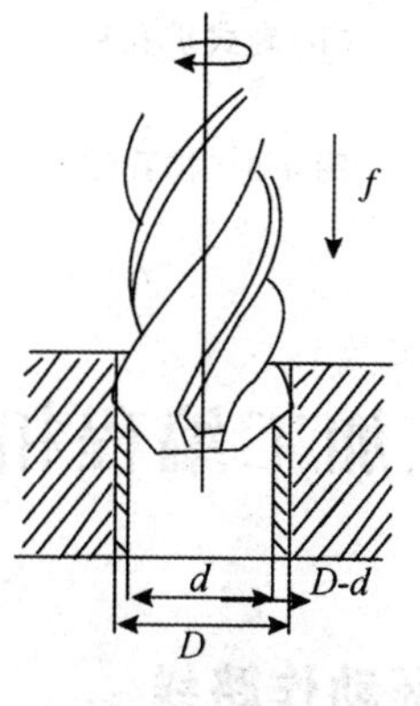

图 4-4　扩孔

扩孔钻的结构与麻花钻相比有以下特点：

（1）刚性较好。由于扩孔的背吃刀量小，切屑少，扩孔钻的容屑槽浅而窄，钻芯直径较大，增加了扩孔钻工作部分的刚性。

（2）导向性好。扩孔钻有 3～4 个刀齿，刀具周边的棱边数增多，导向作用相对增强。

（3）切屑条件较好。扩孔钻无横刃参加切削，切削轻快，可采用较大的进给量，生产率较高；又因切屑少，排屑顺利，不易刮伤已加工表面。

因此扩孔与钻孔相比，加工精度高，表面粗糙度值较低，且可在一定程度上校正钻孔的轴线误差。此外，适用于扩孔的机床与钻孔相同。

锥柄扩孔钻如图 4-5（a）所示，套式扩孔钻如图 4-5（b）所示。

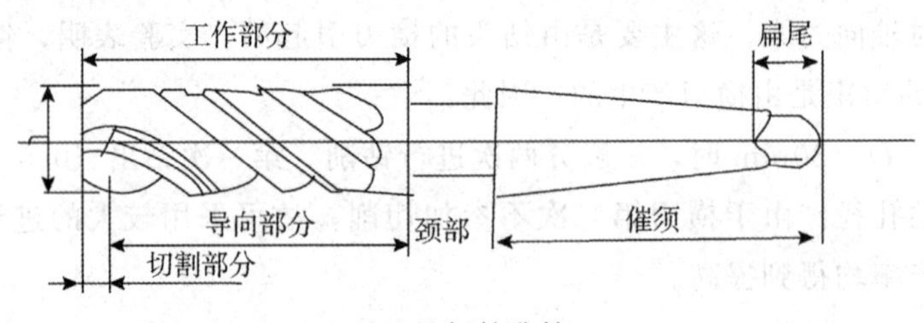

(a)锥柄扩孔钻

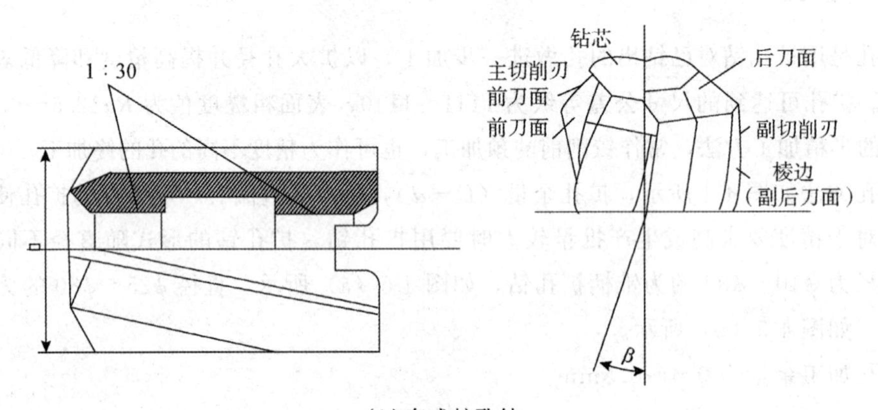

(b)套式扩孔钻

图 4-5　扩孔钻

1.3　孔加工编程相关知识

1.3.1　孔加工编程指令循环动作路线

（1）孔加工循环指令为模态指令，加工循环由以下五个动作组成，如图 4-6 所示。

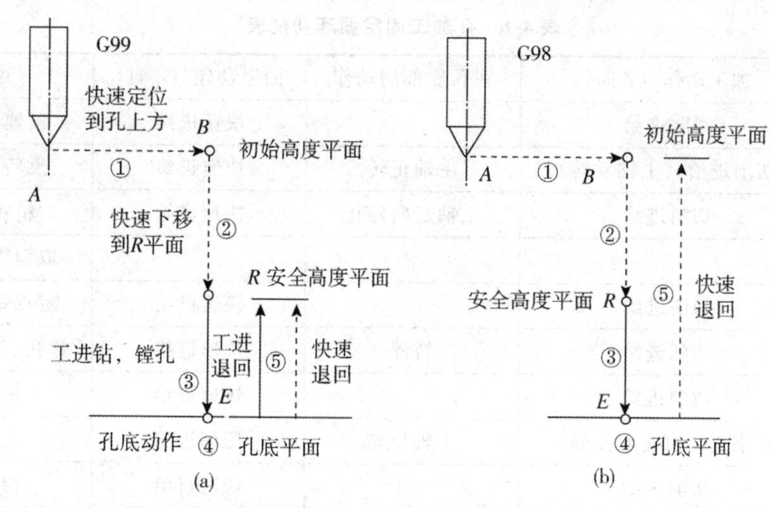

图 4-6 孔加工循环路线

①*A*→*B*，刀具快速移动到孔心上方初始平面高度位置。

②*B*→*R*，刀具沿 *Z* 轴快速移动到 *R* 平面。

③*R*→*E*，切削进给到孔底平面。

④*E* 点，加工到孔底位置（如进给暂停、刀具偏移、主轴准停、主轴反转等动作）。

⑤*E*→*R*，刀具快速返回到 *R* 参考平面或初始平面。

(2) 孔加工固定循环指令编程格式

G90/G91 G98/G99 G73～G89 X—Y—Z—R—Q—P—F—

式中：

G90/G91——G90 为绝对方式编程，在 G17 平面可省略，G91 为增量方式编程。

G98/G99——返回点位置。G98 指令返回起始点平面，G99 指令返回 *R* 平面。

G73～G89——孔加工方式。G73～G89 是模态指令，因此，多孔加工时该指令只需指定一次，以后的程序段只给孔的位置即可。

X、*Y*——指定孔在 *XOY* 平面的坐标位置（增量或绝对坐标值）。

Z——指定孔底坐标值。在增量方式时当前平面到孔底的距离；在绝对值方式时，是孔底的 *Z* 坐标值。

R——在增量方式时，为起始点到 *R* 平面的距离；在绝对方式时，为 *R* 平面的绝对坐标值。

Q——在 G73、G83 中用来指定每次进给的深度；在 G76、G87 中指定刀具的退刀量。它始终是一个增量值。

P——孔底暂停时间。最小单位为 1ms，1 秒＝1000 毫秒。

F——切削进给的速度。

在增量方式（G91）时，如果有孔距相同的若干相同孔，采用重复次数来编程是很方便的，在编程时要采用 G91、G99 方式。G73～G89 指令功能如表 4-1 所示。

表 4-1　孔加工固定循环功能表

G 指令	加工动作（Z 向）	在孔底部的动作	回退动作（Z 向）	用途
G73	间歇进给		快速进给	高速钻深孔
G74	切削进给（主轴反转）	主轴正转	快速进给	反转攻螺纹
G76	切削进给	主轴定向停止	快速进给	精镗循环
G80				取消固定循环
G81	切削进给		快速进给	定点钻孔循环
G82	切削进给	暂停	快速进给	锪孔、钻阶梯孔
G83	切削进给		快速进给	钻深孔
G84	切削进给（主轴正转）	主轴反转	切削进给	攻螺纹
G85	切削进给		切削进给	镗循环
G86	切削进给	主轴停止	切削进给	镗循环
G87	切削进给	主轴停止	手动或快速	反镗循环
G88	切削进给	暂停、主轴停止	手动或快速	镗循环
G89	切削进给	暂停	切削进给	镗循环

1.3.2　钻孔加工循环指令

（1）钻中心孔及一般孔循环指令 G81

G90/G91 G98/G99 G81 X—Y—Z—R—F—

（2）锪孔及钻阶梯孔循环指令 G81

G90/G91 G98/G99 G81 X—Y—Z—R—P—F—

G81 指令与 G82 指令循环路线如图 4-7（a）（b）所示，G82 与 G81 不同之处是 G82 在孔底增加了暂停，适用于锪孔和阶梯孔加工，以提高孔的表面粗糙度精度。

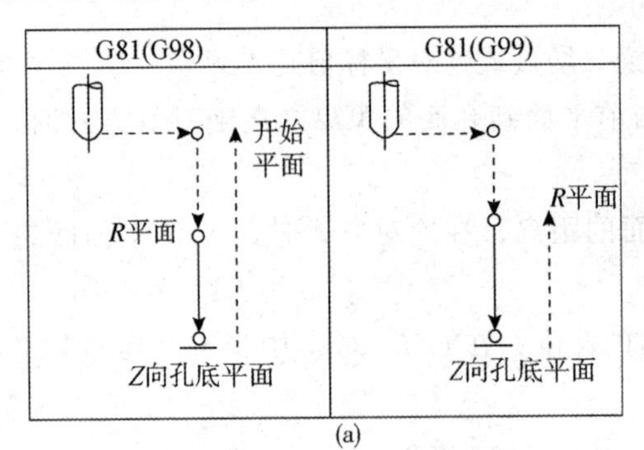

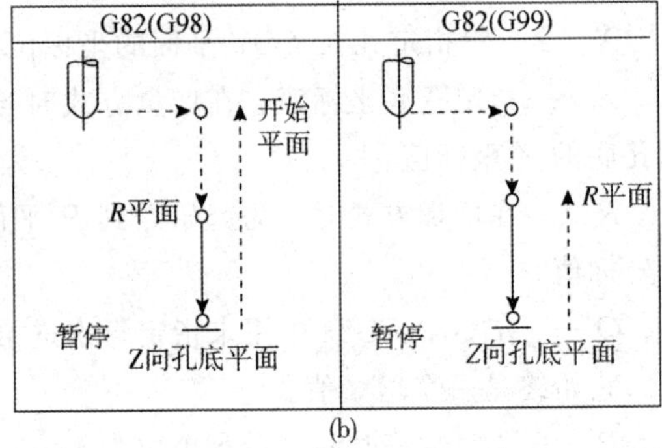

图 4-7　钻孔、锪孔指令路线

（3）高速深孔钻孔循环 G73 格式：

G90/G91 G98/G99 G73 X—Y—Z—R—Q—P—F—

X—Y—

G80

（4）深孔往复排屑钻 G83 指令格式：

G90/G91 G98/G99 G83 X—Y—Z—R—Q—F—

当孔深与孔径之比大于 4 时，即 L/D 的值大于 4 时，采用深孔钻削指令 G73 和 G83 来加工。G73 指令循环路线如图 4-8 所示。G83 指令循环路线如图 4-9 所示，G83 与 G73 不同之处在于每次刀具间歇进给后退至 R 点平面，利于排屑。式中 Q 值表示第次进给深度，为正值并且以增量值设定。图中 d 的大小由系统参数设定。

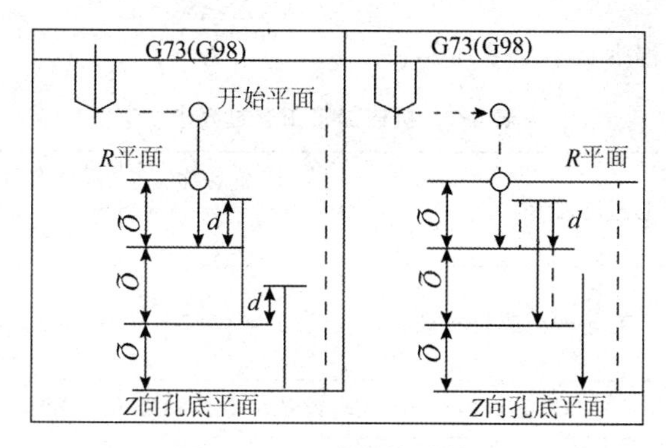

图 4-8　G73 高速钻孔循环

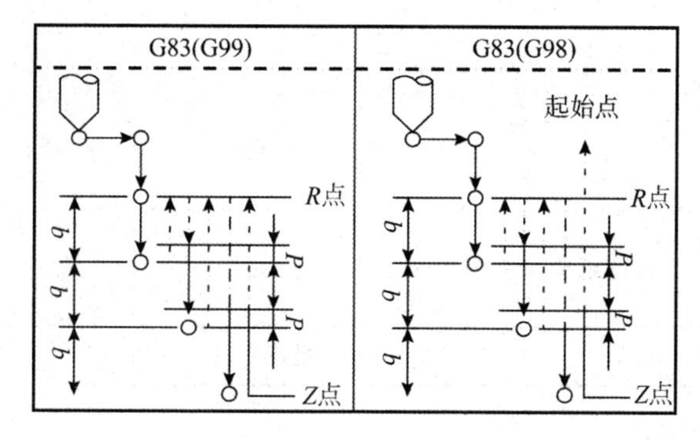

图 4-9　G83 指令动作

1.4　项目实施

1.4.1　零件加工工艺方案

（1）确定工件的定位基准。

以工件的底面和两侧面为定位基准。

(2) 拟定工艺路线

1) 按 105×105×30 (mm) 下料。

2) 在普通铣床上铣削 6 个面，保证 100×100×28 (mm) 尺寸，去毛刺。

3) 钻 7 处中心孔。预钻 6 处 ϕ2.5 中心孔，ϕ35 孔的中心孔。

4) 钻、扩 ϕ35 孔。

5) 钻 4 处 ϕ8、ϕ14 阶梯孔、钻 2 处 ϕ12 孔。

5) 检验。

1.4.2 编制数控加工技术文档

(1) 机械加工工艺过程卡

机械加工工艺过程卡如表 4-2 所示。

表 4-2 机械加工工艺过程卡

<table>
<tr><td colspan="3" rowspan="2">机械加工工艺过程卡</td><td>产品名称</td><td>零件名称</td><td colspan="2">零件图号</td></tr>
<tr><td></td><td>垫板</td><td colspan="2"></td></tr>
<tr><td>材料名称及牌号</td><td>45 钢</td><td>毛坯种类或材料规格</td><td colspan="2">105×105×30 (mm)</td><td>总工时</td><td></td></tr>
<tr><td>工序号</td><td>工序名称</td><td>工序简要内容</td><td>设备名称及型号</td><td>夹具</td><td>量具</td><td>工时</td></tr>
<tr><td>10</td><td>下料</td><td>105×105×30</td><td>锯床</td><td></td><td>钢尺</td><td></td></tr>
<tr><td>20</td><td>铣面</td><td>粗铣 6 个面</td><td>普通铣床</td><td>平口钳</td><td>游标卡尺</td><td></td></tr>
<tr><td>30</td><td>检验</td><td>检查六个面尺寸</td><td></td><td></td><td>游标卡尺</td><td></td></tr>
<tr><td>40</td><td>钻孔</td><td>钻各孔至尺寸要求。</td><td>数控铣床</td><td>平口钳</td><td>游标卡尺
千分尺</td><td></td></tr>
<tr><td>50</td><td>检</td><td>按图纸要求检测尺寸</td><td></td><td></td><td>游标卡尺
千分尺</td><td></td></tr>
<tr><td>编制</td><td></td><td>审核</td><td>批准</td><td></td><td>共 页</td><td>第 页</td></tr>
</table>

(2) 数控加工工序卡

数控加工工序卡如表 4-3 所示。

表 4-3 数控加工工序卡

<table>
<tr><td colspan="8" rowspan="2">数控加工工序卡</td><td colspan="2">产品名称</td><td>零件名称</td><td colspan="2">零件图号</td></tr>
<tr><td colspan="2"></td><td>垫板</td><td colspan="2"></td></tr>
<tr><td>工序号</td><td>40</td><td>程序编号</td><td>O0041～0044</td><td>材料</td><td>45 钢</td><td>数量</td><td>5</td><td colspan="2">夹具名称</td><td>平口钳</td><td>加工设备</td><td></td></tr>
<tr><td rowspan="2">工步号</td><td colspan="3" rowspan="2">工步内容</td><td colspan="6">切削用量</td><td colspan="2">刀具</td><td>量具</td></tr>
<tr><td colspan="2">n (r/min)</td><td colspan="2">f (mm/min)</td><td colspan="2">a_p (mm)</td><td>编号</td><td>名称</td><td>名称</td></tr>
<tr><td>1</td><td colspan="3">钻中心孔</td><td colspan="2">1000</td><td colspan="2">100</td><td colspan="2">1.25</td><td>T1/T2</td><td>ϕ2.5、ϕ5 中心钻</td><td>游标卡尺</td></tr>
<tr><td>工序号</td><td>40</td><td>程序编号</td><td>O0041～0044</td><td>材料</td><td>45 钢</td><td>数量</td><td>5</td><td colspan="2">夹具名称</td><td>平口钳</td><td>加工设备</td><td></td></tr>
<tr><td rowspan="2">工步号</td><td colspan="3" rowspan="2">工步内容</td><td colspan="6">切削用量</td><td colspan="2">刀具</td><td>量具</td></tr>
<tr><td colspan="2">n (r/min)</td><td colspan="2">f (mm/min)</td><td colspan="2">a_p (mm)</td><td>编号</td><td>名称</td><td>名称</td></tr>
<tr><td>2</td><td colspan="3">钻 ϕ35 底孔 ϕ20</td><td colspan="2">400</td><td colspan="2">45</td><td colspan="2">10</td><td>T3</td><td>ϕ20 钻头</td><td>游标卡尺</td></tr>
<tr><td>3</td><td colspan="3">扩 ϕ20 孔至 ϕ35</td><td colspan="2">400</td><td colspan="2">45</td><td colspan="2">7.5</td><td>T4</td><td>ϕ35 钻头</td><td>游标卡尺</td></tr>
<tr><td>4</td><td colspan="3">钻 ϕ12 孔 2 处</td><td colspan="2">450</td><td colspan="2">40</td><td colspan="2">6</td><td>T5</td><td>ϕ12 钻头</td><td>游标卡尺</td></tr>
<tr><td>5</td><td colspan="3">钻 ϕ8 孔 4 处</td><td colspan="2">450</td><td colspan="2">40</td><td colspan="2">4</td><td>T6</td><td>ϕ8 钻头</td><td>游标卡尺</td></tr>
<tr><td></td><td colspan="3">钻 ϕ14 孔 4 处</td><td colspan="2">450</td><td colspan="2">40</td><td colspan="2">7</td><td>T7</td><td>ϕ14 钻头</td><td>游标卡尺</td></tr>
<tr><td>编制</td><td colspan="2"></td><td>审核</td><td colspan="2"></td><td>批准</td><td colspan="3"></td><td>共 页</td><td colspan="2">第 页</td></tr>
</table>

（3）数控加工程序

在编制数控加工程序前，还要安排钻孔的进给路线。安排钻孔加工进给路线时遵循以下两个原则：

①一般情况下遵循空行程路线最短原则，如图 4-10 所示。

②当孔心的中心距位置精度高时遵循单向趋近定位点原则，如图 4-11 所示。

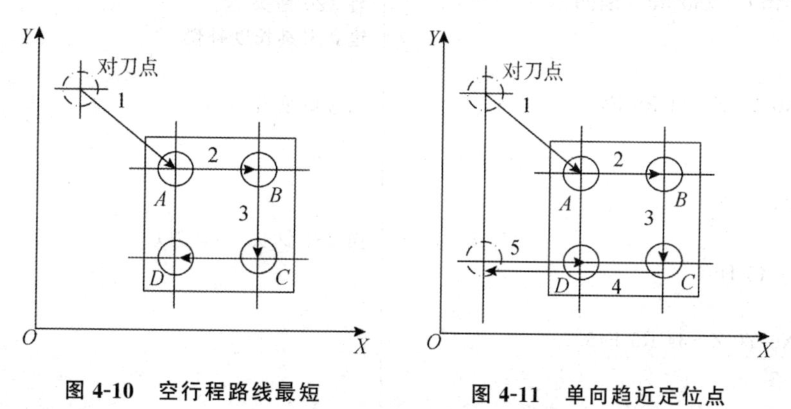

图 4-10 空行程路线最短　　图 4-11 单向趋近定位点

加工设备选择加工中心，换刀时先将主轴停止转动，换刀后注意刀具长度补偿号与所选择的刀具相对应。此零件的孔心位置精度要求不高，所以按空行程路线最短原则来安排钻孔路线。如表 4-4～表 4-7 所示。

表 4-4 钻中心孔加工程序卡

零件名称	垫板	数控系统	FANUC 0i	编制日期	
零件图号		程序号	O0041	编制	
主程序					
O0041 G54 G90 G40 G49 M03 S1000 Z100 Z5 M07 G99 G81 X－34 Y－34 Z－3 R5 F40 G81 X－34 Y0 R5 G81 Y34 G81 X34 Y34 G81 Y0 G98G81 Y－34 G80 M05 M09 G91 G28 Z0 M06 T02 M03 S1000 M07 G81 X0 Y0 Z－5 R5 G0 Z100 M05 M30			 冷却液开 钻中心孔 换刀作准备 抬刀至换刀平面 换上 2 号刀 主轴旋转，转速 1000 转/分钟，冷却液打开		

表 4-5 钻 ϕ35 孔程序卡

零件名称	垫板	数控系统	FANUC 0i	编制日期	
零件图号		程序号	O0042	编制	
主程序					
O0042 G54 G90 G40 G0 Z50 M03 S400 G43 H03 Z5M07 G98 G81 X0 Y0 Z－34 R5 F45 G0 Z100 M05 M09 G91 G28 Z0 M06 T04 M03 S450 G43 H04 Z5M07 G98 G81 X0 Y0 Z－34 R5 F45 G0 Z100 M05 M09 M30			 装 ϕ20 钻头 建立刀具长度补偿 钻 ϕ35 底孔 ϕ20 换 ϕ35 钻头（4＃刀） 冷却液关		

表 4-6　钻 ϕ8、ϕ14 阶梯孔程序卡

零件名称	垫板	数控系统	FANUC 0i	编制日期	
零件图号		程序号	O0043	编制	

程序内容	程序说明
O0043	程序名
G54 G90 G40 G0 Z50 M03 S400	选择坐标系、刀具起始平面
G43 H05	建立刀具长度补偿
Z5M07	
G99 G81 X－34 Y－34 Z－31 R5 F45	
G81 X34 Y－34 R5	
G81 X－34 Y34 R5	
G98G81 X34 Y34 R5	
M05 M09	冷却液关
G91 G28 Z0	
M06 T06	
M03 S450 G43 H06	
Z5 M07	
G99 G82 X－34 Y－34 Z－31 R5 P4000 F45	钻 ϕ14 阶梯孔
G82 X34 Y－34 P4000	
G82 X－34 Y34 P4000	
G98G82 X34 Y34 P4000	
G0 Z100	
M05	
M09	
M30	

表 4-7　钻 ϕ12 孔程序卡

零件名称	垫板	数控系统	FANUC 0i	编制日期	
零件图号		程序号	O0044	编制	

程序内容	程序说明
O0043	程序名
G54 G90 G40 G0 Z50 M03 S400	选择坐标系、刀具起始平面
G43 H07	建立刀具长度补偿
Z5M07	
G99G81 X－34 Y0 Z－32 R5 F45	
G81 X34 Y0 R5	
G0 Z100	
M05	冷却液关
M09	
M30	

1.4.3 试加工与调试

试加工与调试步骤如下。

(1) 开机，进入数控加工仿真系统；

(2) 回零；

(3) 工件装夹与找正，并进行对刀；

(4) 输入程序，并进行调试加工；

(5) 自动加工；

(6) 测量工件。

1.5 拓展训练任务

1.5.1 训练任务

任务描述

按零件图纸要求完成孔的仿真加工和实操加工。零件图如图 4-12 所示。

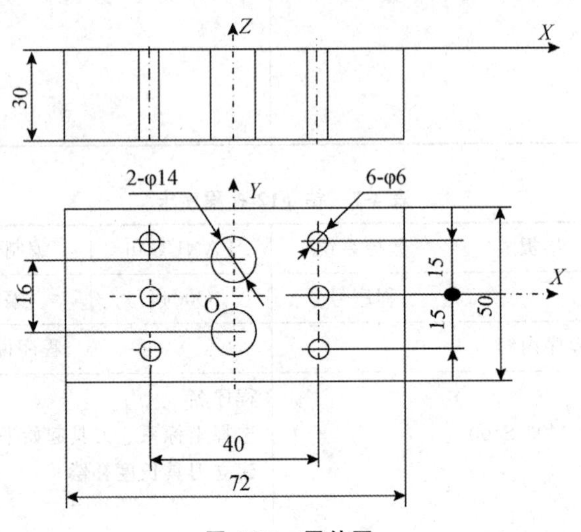

图 4-12 零件图

编程提示：孔径与孔深比大于 4，钻进深度约为钻头直径的 3 倍时，钻头就要退出排屑，因此要选择钻孔指令 G73 或 G83 来编程。

1.5.2　拓展任务

任务描述

图 4-13 为阀盖零件图，按零件图纸要求合理安排加工工艺。毛坯为棒料，材料为 45 钢。

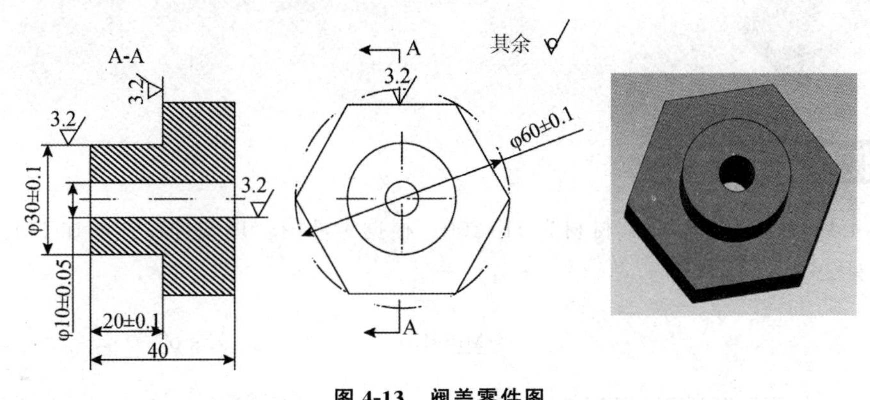

图 4-13　阀盖零件图

编程提示：

（1）ϕ10 孔的孔径与孔深比为 4；

（2）六边形轮廓编程采用极坐标编程。

项目2　盖板零件的加工

任务描述

图 4-14 为盖板零件图，材料为 HT200，根据零件图合理安排零件的加工工艺，毛坯为铸件。

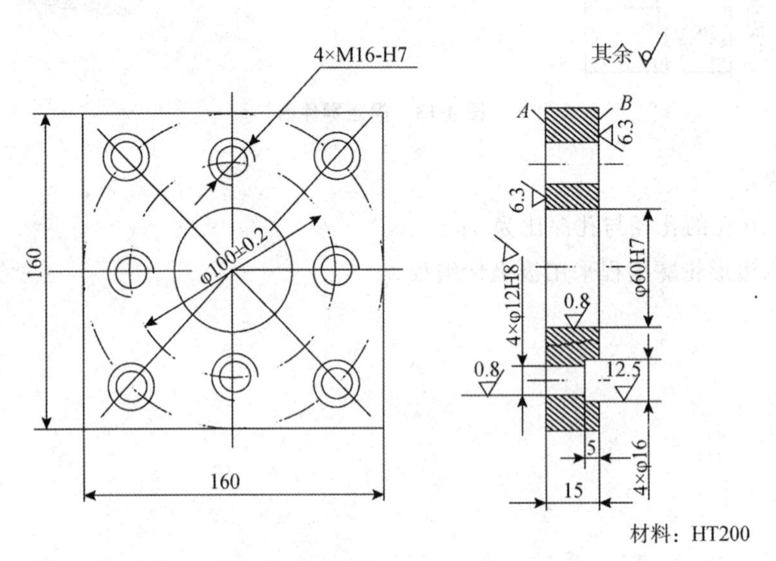

图 4-14　盖板零件图

2.1　项目任务分析

2.1.1　零件加工工艺分析

盖板加工内容有平面、孔和螺纹，且都集中在 *A*、*B* 面上，其中最高精度为 IT7 级。从定位和加工两个方面考虑，以底面 *A* 为主要定位基准，选用平口钳装夹工件。零件需经铣平面、钻孔、扩孔、镗孔、铰孔及攻螺纹等工步才能完成加工。

（1）选择机床

由于B面及位于B面上的全部孔，采用粗铣、粗镗、半精镗、精镗、钻、扩、锪、铰及攻螺纹等工步，所需刀具较多，但加工表面不多，因此可以选择立式加工中心，一次装夹即可自动完成。

（2）加工方案的选择

A面作为精基准面先加工，其粗糙度值为6.3 μm，以B面为粗基准定位面，粗铣A面。B面粗糙度值为6.3 μm，粗铣即可达到加工要求。

ϕ60H7孔尺寸精度要求为IT7级，已铸出毛坯孔，粗糙度Ra值为0.8 μm值，故采用粗镗—半精镗—精镗方案；ϕ12H8孔尺寸精度要求为IT8级，粗糙度Ra为0.8 μm，为防止钻偏，按钻中心孔—钻孔—扩孔—铰孔方案进行；ϕ16mm沉头孔在ϕ12孔基础上锪至尺寸即可；M16螺纹孔在M6和M20之间，故采用先钻底孔后攻螺纹的加工方法，即按钻中心孔—钻底孔—倒角—攻螺纹方案加工。

（3）确定加工顺序

按照先粗后精、先面后孔的原则及刀具集中原则来确定加工顺序。具体加工路线为：以B面作粗基准定位粗铣A面；以A面作精基准定位装夹，粗铣B面；粗镗、半精镗、精镗ϕ60H7孔；中心钻钻各光孔和螺纹孔的中心孔；钻、扩、铰ϕ12H8；钻M16螺纹底孔、倒角和攻螺纹。

（4）确定装夹方案和选择夹具

该盖板零件结构简单、尺寸较小，四个侧面已加工，位置精度要求不高，故可选择通用平口钳，以盖板底面A面和两个侧面定位，用平口钳钳口从侧面夹紧。

（5）选择刀具

根据加工内容，所需刀具有面铣刀、镗刀、中心钻、麻花钻、铰刀、立铣刀（锪ϕ16孔）及丝锥等，其规格根据加工尺寸选择。一般来说，粗铣铣刀直径应选小一些，以减小切削力矩，但也不能太小，以免影响加工效率；精铣铣刀直径应选大一些，以减少接刀痕迹。考虑到两次走刀间的重叠量及减少刀具种类，经综合分析确定粗铣铣刀直径都选为ϕ100。其他刀具根据孔径尺寸确定。

（6）确定对刀点和编程原点

从零件图看出该工件加工内容具有对称性，因此选择工件的中心O点作为对刀点和编程原点。

（7）确定进给路线

A、B面的粗铣加工进给路线根据铣刀直径确定，因为所选铣刀直径ϕ100mm，故安排沿X方向两次进给（如图4-15所示）。因为孔的位置精度要求不高，机床的定位精度完全能保证，所以所有孔加工进给路线均按最短路线确定，如图4-16～图4-18所示的即为各孔加工的进给路线。粗铣表面时，根据铸件的余量来安排粗铣次数，余量大时，分两次进给。

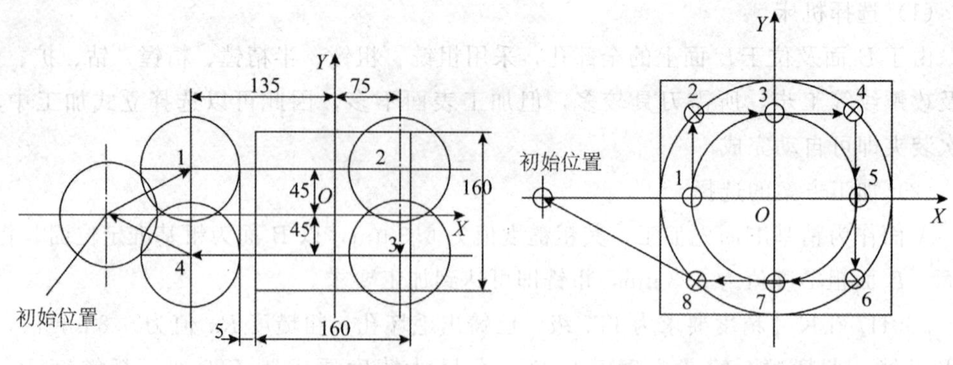

图 4-15　铣削 A、B 面进给路线　　　　图 4-16　钻中心孔进给路线

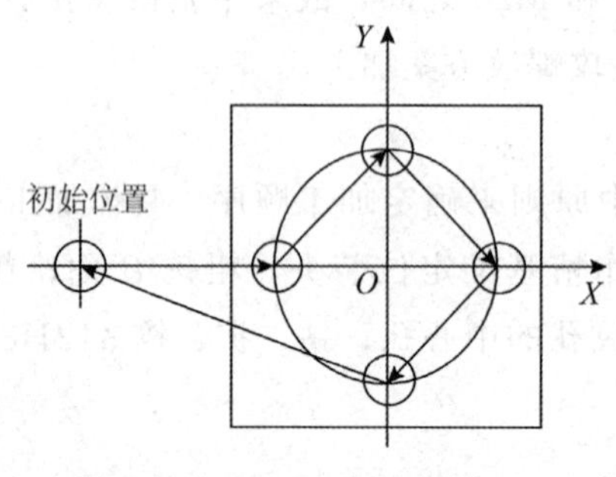

图 4-17　钻、扩、铰 ϕ12H8 孔及锪 ϕ16 孔进给路线

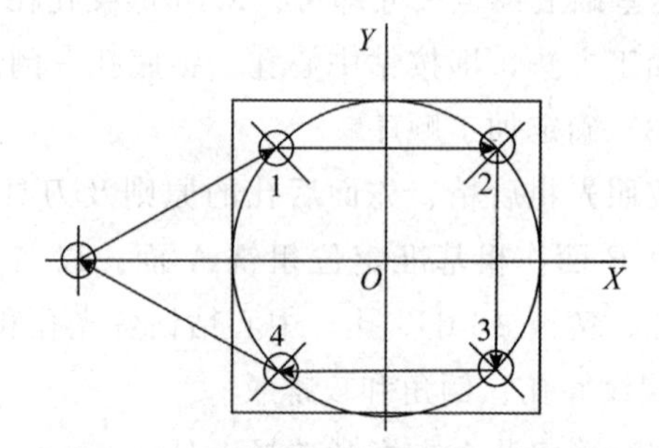

图 4-18　钻螺纹底孔、攻螺纹进给路线

2.2　编程指令

2.2.1　攻丝指令

G74——攻螺纹（左旋螺纹）循环，编程格式：

G90/G91 G98/G99 G74 X—Y—Z—R—P—F—

该指令规定主轴移至 R 平面时启动，反转切入零件到孔底后主轴改为正转退出，在 G74 攻螺纹期间速度修调无效。如图 4-19 所示。

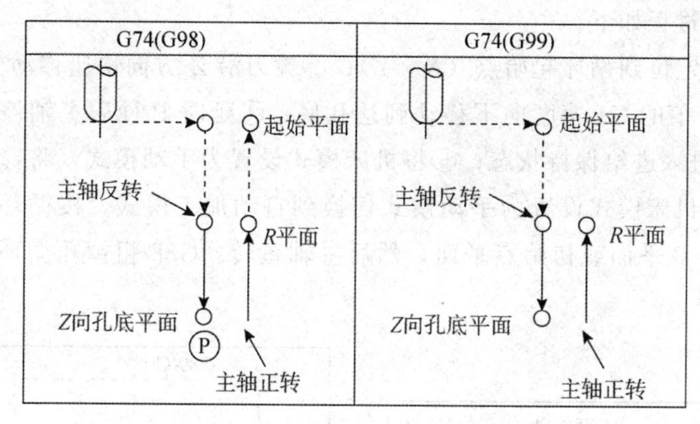

图 4-19 G74 攻左旋螺纹循环

G84——攻右旋螺纹

编程格式：

G90/G91 G98/G99 G84 X—Y—Z—P—R—F—

该指令的动作示意图如图 4-20 所示。在孔底位置主轴反转退刀。在 G84 指定的攻螺纹循环中，进给率调整无效，即使使用进给暂停，在返回动作结束之前不会停止。

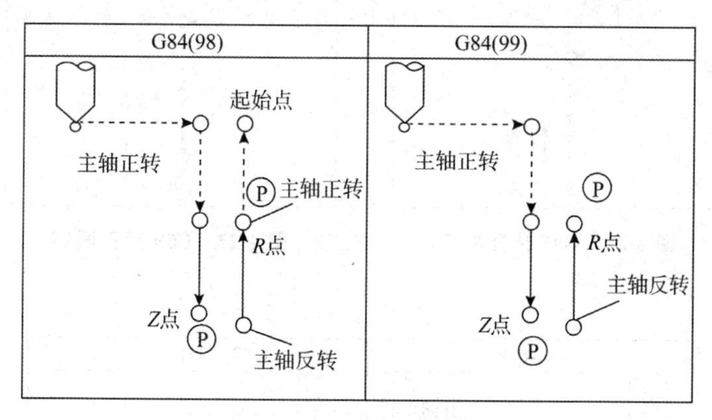

图 4-20 G84 攻右旋螺纹循环

2.2.2 镗孔循环

(1) G85、G89 镗孔循环

G85 的指令格式为：G85 X—Y—Z—R—F—；

G89 的指令格式为：G89 X—Y—Z—R—P—F—；

G85 和 G89 镗孔循环指令动作如图 4-21～图 4-22 所示，这两种镗孔加工方式，刀具以切削进给的方式移动到孔底，然后又以切削进给的方式返回 *R* 点平面，因此适用于精镗孔等情况，G89 指令在孔底增加了暂停，提高了阶梯孔台阶表面的加工质量。

(2) G88 粗镗孔循环

编程格式：G90/G91 G98/G99 G88 X—Y—Z—R—P—F—

该指令动作过程如下。

①镗刀快速定位到循环起始点（X，Y）；②镗刀沿 Z 方向快速移动到参考平面 R；③镗刀以指令 F 值的 G1 速度向下移动到达孔底；④延时 P 秒后主轴停止转动（并没有定向），系统进入进给保持状态；⑤将机床模式设置为手动模式，将镗刀手动退回到孔的口部；⑥将机床模式设置为手动模式切换到自动加工模式，按循环启动按纽，刀具快速返回到 R 点平面或初始点平面，然后主轴正转。G88 粗镗孔循环指令动作如图 4-23 所示。

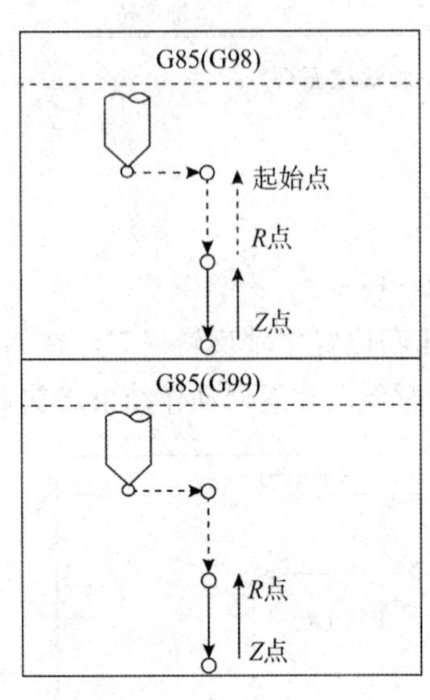

图 4-21　G85 镗孔循环

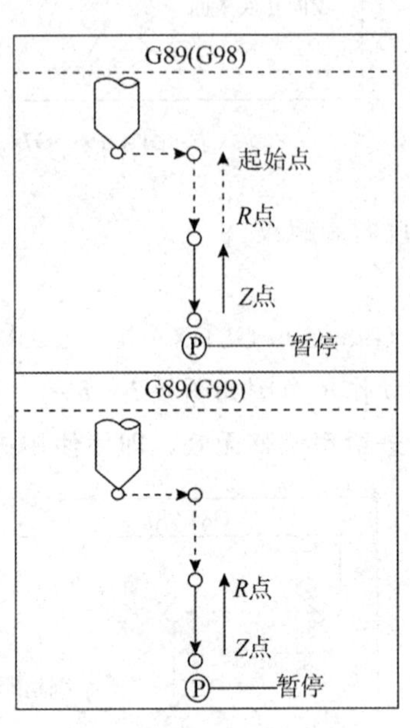

图 4-22　G89 镗孔循环

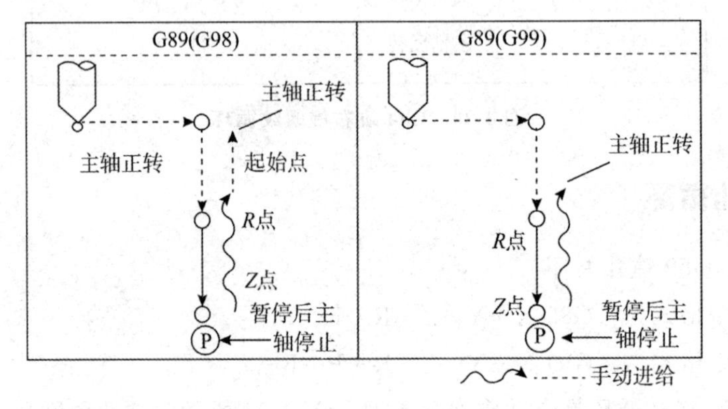

图 4-23　G88 循环

（3）G86 快速粗镗孔循环

编程格式：

G90/G91 G98/G99 G86 X—Y—Z—R—F—

动作过程如图 4-24 所示，加工到孔底后主轴停止，返回初始平面或 R 点平面后，主轴再重新启动。采用这种方式，如果连续加工的孔间距较小，可能出现刀具已经定位到下一个孔加工的位置而主轴尚未到达指定的转速，为此可以在各孔动作之间加入暂停 G04 指令，使主轴获得指定的转速。

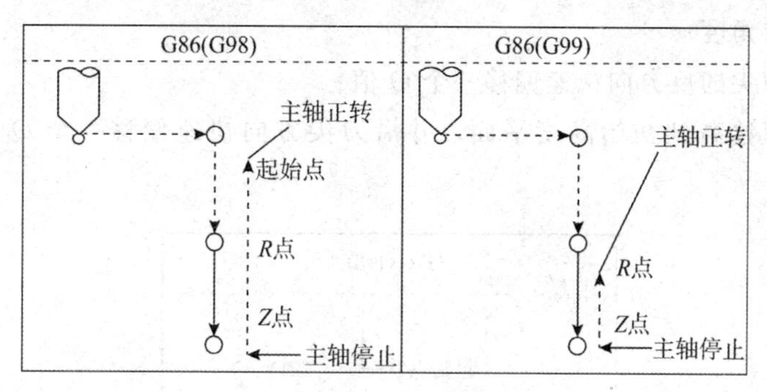

图 4-24　G86 循环

（4）G87 反镗孔循环

编程格式：

G90/G91 G98 G87 X—Y— Z— R— P—Q—F—

格式说明：

①X、Y 为孔的坐标值位置；

②Z 为孔的加工深度；

③R 为起始高度，此处 R 点在孔底部；

④P 为暂停多少秒，如 P2000 表示暂停 2 秒；

⑤Q 为刀尖向某一方向的平移量。

该指令动作如图 4-25 所示，动作说明如下：

①镗刀快速定位到循环起始点（X，Y），主轴转动到一个固定角度，镗刀沿刀尖反方向快速偏移一个 Q 值；

②镗刀沿 Z 方向快速移动到起始平面 R，R 点位于孔底，沿刀尖的方向快速偏移一个 Q 值；

③镗刀以 F 值 $G1$ 的速度向上进给，到达孔 Z 位置后，暂停 P 秒后，主轴停止，并定向到一个固定角度；

④镗刀沿刀尖的反方向快速偏移一个 Q 值，快速退出到初始高度平面。

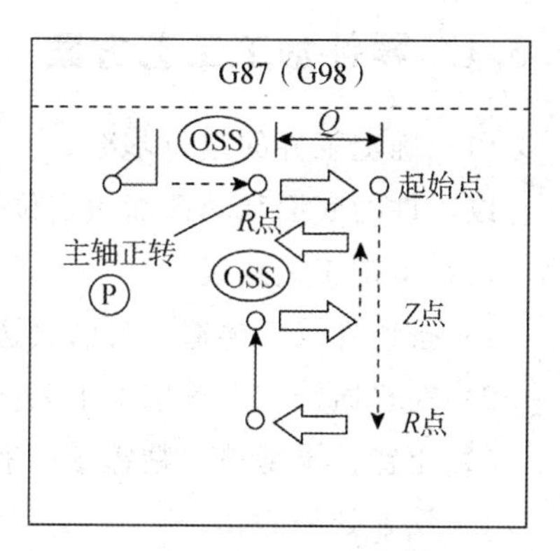

图 4-25　G87 循环

G76 镗孔加工循环

编程格式：

G76 X—Y—Z—R—P—Q—F—

该指令各参数意义与 G87 指令相同，动作过程如图 4-26 所示。运动过程说明如下。

①镗刀快速定位到循环起始点（X，Y），沿 Z 方向快速移动到起始平面 R；

②镗刀以 F 值的 G1 速度向下移动，到达孔 Z 位置后，暂停 P 秒，主轴停止，并定向到一个固定角度；

③镗刀沿刀尖的反方向快速偏移一个 Q 值；

④镗刀快速抬高到初始高度平面，并沿刀尖方向快速偏移一个 Q 值，主轴重新启动。

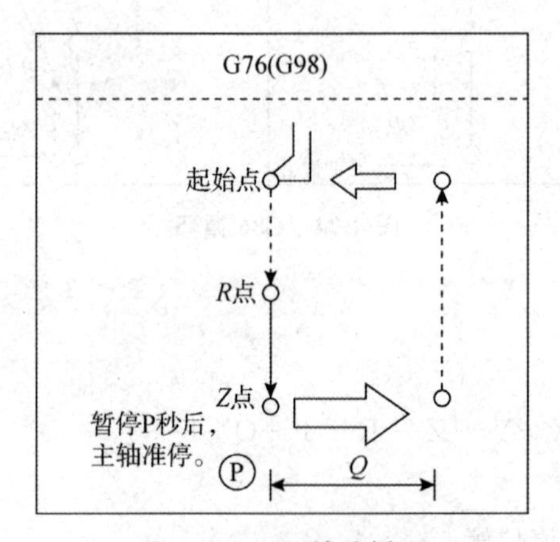

图 4-26　G76 镗孔循环

2.3　项目实施

2.3.1　零件加工工艺方案

（1）确定工件的定位基准。

以工件的底面和两侧面为定位基准。

（2）拟定工艺路线

1）按铸件尺寸铸造、打磨飞边。

2）在普通铣床上铣削上下表面，保证 160×160×15（mm）尺寸，去毛刺。

3）粗镗、半精镗、精镗 ϕ60 孔。

4）钻 8 处中心孔。

5）钻、扩、铰 ϕ12H8 孔。

6）锪 4 处 ϕ16 阶梯孔。

7）钻 M16 螺纹孔底孔，攻丝。

8）检验。

2.3.2　编制数控加工技术文档

（1）机械加工工艺过程卡

机械加工工艺过程卡如表 4-8 所示。

表 4-8　机械加工工艺过程卡

机械加工工艺过程卡			产品名称	零件名称	零件图号	
				盖板		
材料名称及牌号	HT200	毛坯种类或材料规格	160×160×18（mm）		总工时	
工序号	工序名称	工序简要内容	设备名称及型号	夹具	量具	工时
10	铸造	160×160×18			钢尺 游标卡尺	
20	铣面	铣 A、B 面	普通铣床	平口钳	游标卡尺	
30	检验	检查厚度尺寸 15			游标卡尺	
40	数铣	加工各孔至尺寸要求	数控铣床	平口钳	游标卡尺 千分尺	
50	检	按图纸要求检测尺寸			游标卡尺 千分尺	
编制		审核		批准	共　页	第　页

（2）数控加工工序卡

数控加工工序卡如表 4-9 所示。

表 4-9　数控加工工序卡

数控加工工序卡				产品名称	零件名称	零件图号	
					盖板		
工序号 40	程序编号 O0241～O0242	材料 HT200	数量 5	夹具名称	平口钳	加工设备	数控铣床
工步号	工步内容	切削用量			刀具		量具
		n (r/min)	f (mm/min)	a_p (mm)	编号	名称	名称
1	粗铣底面	300	70	1.5	T01	ϕ100 面铣刀	游标卡尺
2	粗铣上表面至尺寸	350	50	1.5	T01	ϕ100 面铣刀	游标卡尺
3	粗镗 ϕ60H7 至 ϕ58	400	60		T02	ϕ58 镗刀	游标卡尺
4	半精镗 ϕ60H7 到 ϕ59.95	450	50	1.95	T03	ϕ59.95 镗刀	千分尺
5	精镗 ϕ60H7 到尺寸	500	40	0.05	T04	ϕ60H7 镗刀	千分尺
6	钻中心孔	1000	50	1.5	T05	ϕ3 中心钻	游标卡尺

续表

数控加工工序卡		产品名称		零件名称		零件图号	
				盖板			
7	钻 4×ϕ12H8 到 ϕ10	600	60	5	T06	ϕ10 麻花钻	游标卡尺
8	扩 4×ϕ12H8 到 ϕ11.85	300	40	0.925	T07	ϕ11.85 扩孔钻	游标卡尺
9	锪 4×ϕ16 到尺寸	150	30	2	T08	ϕ16 阶梯铣刀	游标卡尺
工序号	40	程序编号 O0241、O0242	材料 HT200	数量 5	夹具名称 平口钳	加工设备	数控铣床
工步号	工步内容	切削用量			刀具		量具
		n (r/min)	f (mm/min)	a_p (mm)	编号	名称	名称
10	铰 4×ϕ12H8 到尺寸	100	40	0.075	T09	ϕ12H8 铰刀	千分尺
11	钻 4×M16 底孔到 ϕ14	450	60	7	T10	ϕ14 麻花钻	游标卡尺
12	倒 4×M16 底孔端角	300	40		T11	ϕ18 麻花钻	游标卡尺
13	攻 4×M16 螺纹	100	200		T12	M16 机用丝锥	
编制		审核		批准		共　页	第　页

2.3.3 数控加工程序

钻中心孔程序和钻孔程序如表 4-10～表 4-11 所示。

表 4-10 钻中心孔加工程序卡

零件名称	垫板	数控系统	FANUC 0i	编制日期	
零件图号		程序号	O0241	编制	
主程序					
O0041					
G54 G90 G40 G49 M03 S1000 Z100					
Z5					
M07					
G99 G16 G81 X80 Y45 Z−3 R5 F40					
G81 Y135 R5					
G81 Y225			冷却液开		
G81 Y315			钻中心孔		
G81 X50 Y0					
G81 Y90					
G81 Y180					
G98G81 Y270					
G15					
G0 Z100					
M05					
M30					

表 4-11　钻孔加工程序卡

零件名称	垫板	数控系统	FANUC 0i	编制日期	
零件图号		程序号	O0242	编制	
主程序					
O0042					
G54 G90 G40 G0 Z50 M03 S400			装 ϕ10 钻头		
G43 H06			建立刀具长度补偿		
Z5M07					
G99 G16 G81 X80 Y45 Z−20 R5 F40			钻 ϕ12H8 底孔 ϕ10		
G81 Y135 R5					
G81 Y225					
G81 Y315					
G15G0 Z100					
M05 M09			冷却液关		
G91 G28 Z0					
M06 T07			换 ϕ14 钻头（7＃刀）		
M03 S450 G43 H07					
Z5M07					
G98 G16 G81 X50 Y0 Z−20 R5 F40			钻 M16 底孔 ϕ14		
G81 Y90					
G81 Y180					
G98G81 Y270					
G15					
G0 Z100					
M05					
M09					
M30					

2.3.4　试加工与调试

试加工与调试步骤如下。

（1）开机，进入数控加工仿真系统；

（2）回零；

（3）工件装夹与找正，并进行对刀；

（4）输入程序，并进行调试加工；

（5）自动加工；

（6）测量工件。

2.5 拓展训练任务

任务描述

图 4-27 为技能抽考试题零件图，按零件要求合理安排加工工艺，编制零件加工程序，进行仿真加工。

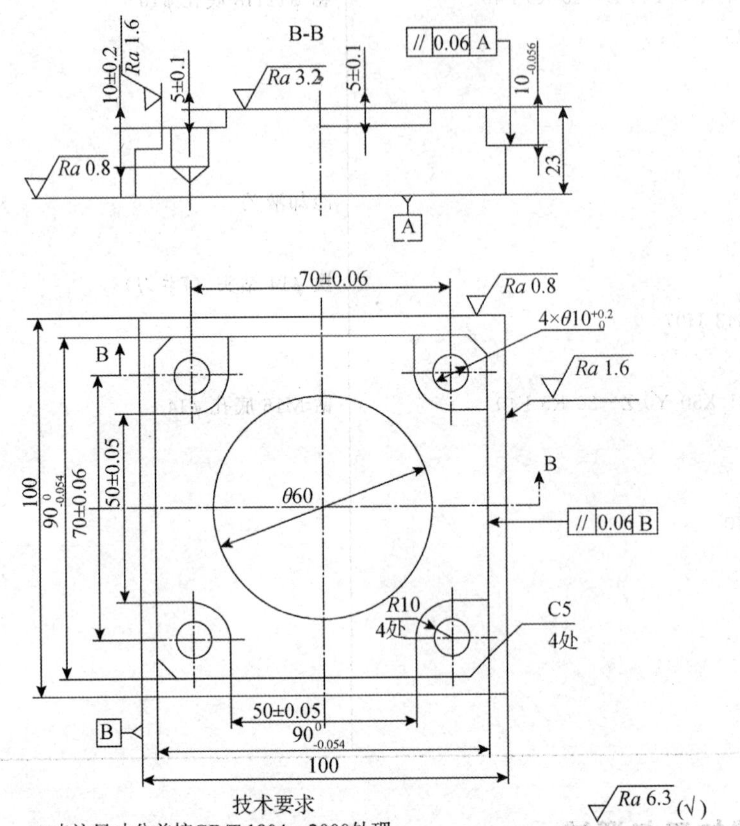

图 4-27 技能抽考试题零件图

学习单元五
综合特征零件的加工

项目 1　比例凸台轮廓零件的加工

任务描述

图 5-1 为比例凸台轮廓零件图，毛坯为 30×40×14（mm），材料为 45 钢。

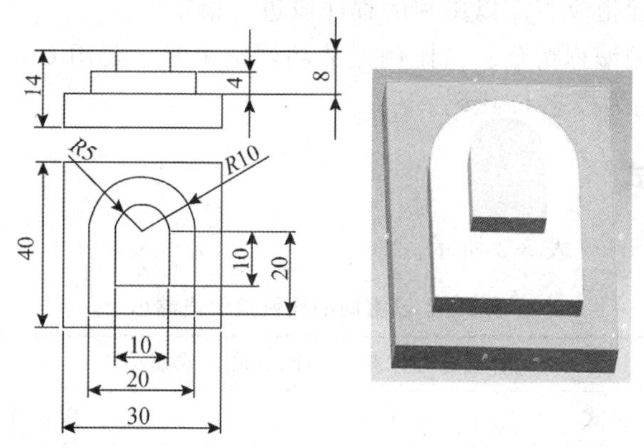

图 5-1　比例凸台轮廓零件图

1.1　项目任务分析

该零件 2 层凸台轮廓尺寸成比例，大凸台轮廓尺寸是小凸台轮廓尺寸的 2 倍，但高度相等。由于是尺寸均为自由尺寸，采用粗铣加工即能达到零件尺寸精度要求。加工时，先铣大凸台轮廓，再铣小凸台轮廓。为了得到更好的表面粗糙度，采用顺铣方式。

铣 2 个成比例的凸台时，选择零件的左下角点为编程原点，如图 5-2 所示。

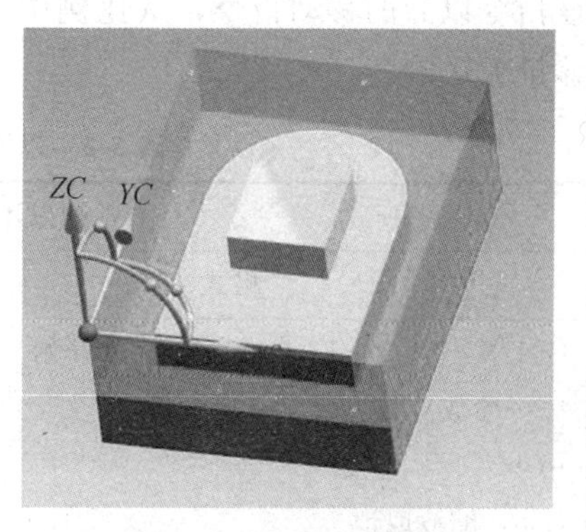

图 5-2　编程原点示意图

1.2 编程分析

2个凸台轮廓相似，且尺寸成比例关系，小凸台是大凸台的0.5倍。编程时如果以小凸台轮廓来编程，加工大凸台轮廓的程序若能按比例来缩放尺寸就可以简化编程。

根据零件的结构，凸台轮廓圆弧的圆心为凸台图形的缩放中心。图形比例缩放指令主要有G50、G51两个。

1.2.1 指令功能

G51代码的使用，可使原编程形状以指定位置为中心按指定比例缩小或放大，也可让图形按指定规律产生镜像变换。

G51为比例编程指令，需以单独的程序段进行指定。

G50为撤销比例编程指令。当比例缩放功能结束时，要用G50指令及时取消比例功能。G50、G51均为模态G代码。

1.2.2 编程格式

编程格式如表5-1～表5-2所示。

表5-1 以相同的比例放大或缩小

沿所有轴以相同的比例放大或缩小	
格式	指令意义
G51 X－Y－Z－P－；缩放开始 ……缩放有效 …… G50；缩放取消	X－Y－Z－：比例缩放中心坐标值，为绝对编程坐标 P－：缩放比例

注意：P比例系数，最小输入量为0.001，比例系数的范围为：0.001～999.999。该指令以后的移动指令，从比例中心点开始，实际移动量为原数值的P倍。P值对偏移量无影响。

表5-2 以不同的比例放大或缩小（镜像）

沿各轴以不同的比例放大或缩小（镜像）	
格式	指令意义
G51 X－Y－Z－I－J－K－；缩放开始 ……缩放有效 …… G50；缩放取消	X－Y－Z－：比例缩放中心坐标值，为绝对编程坐标。I－J－K－：X，Y和Z各轴对应的缩放比例

注意：

①I、J、K 比例系数，在±0.001～±9.999 范围内。有的系统设定 I、J、K 不能带小数点，此时要以脉冲当量方式输入，如比例为 1 时，应输入 1000。

②当给定的比例系数为－1（或－1000）时，可获得镜像功能。

③当编程格式中省略 X－Y－Z－值时，则以刀具当前位置为比例缩放中心。

1.3　项目任务加工程序

零件加工程序如表 5-3 所示。

表 5-3　零件加工程序

零件名称	比例凸台零件	数控系统	FANUC 0i	编制日期	
零件图号		程序号	O0034、O0036	编制	

主程序	程序说明
O0034	
G54 G90 G40 G0 Z50 M03 S800	
G0 X－15 Y0	定位在编程原点 X 轴负方向
Z5	
G01 Z0 F100	下刀至工件表面
M98 P020036	调用子程序铣小凸台
G51 X15 Y25 P2	比例缩放开始，比例系数为 2
M98 P020036	调用子程序铣大凸台
G50	取消比例缩放
G0 Z100	
M05	
M30	
子程序	下刀、建立刀补、走小凸台轮廓、取消刀补程序段作为子程序内容
O0036	铣小凸台程序
G91G01 Z－2 F80	以相对编程 G91 方式下刀，之后要切换到 G90
G90G41 X10 D01	采用顺铣方式，按顺时针方向走刀建立刀补
Y25	走轮廓
G02 X20 R5	
G01 Y15	
X－15	铣出工件
G40 G00Y0	取消刀补回到起点
M99	

1.4 拓展训练任务

1.4.1 拓展训练任务 1

在 100×100×18（mm）的方形毛坯上铣 4 个同尺寸同形状的扇形凸台，零件图如图 5-3 所示。

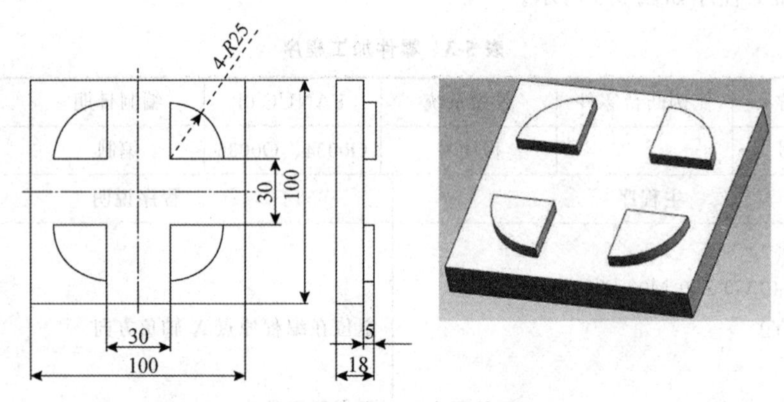

图 5-3 扇形凸台零件图

1. 编程分析

从图形来看，4 个扇形凸台具有对称关系，以零件的中心为编程原点建立工件坐标系，通过镜像功能则可以简化编程。

编程时先从毛坯外下刀，进给走刀至工件的中心，再以中心为出发点，建立刀补顺铣方式走凸台轮廓，铣出轮廓后取消刀补回到中心点，这样在镜像功能铣削其他几个凸台时不必抬刀。顺铣方式走刀路线如图 5-4 所示。

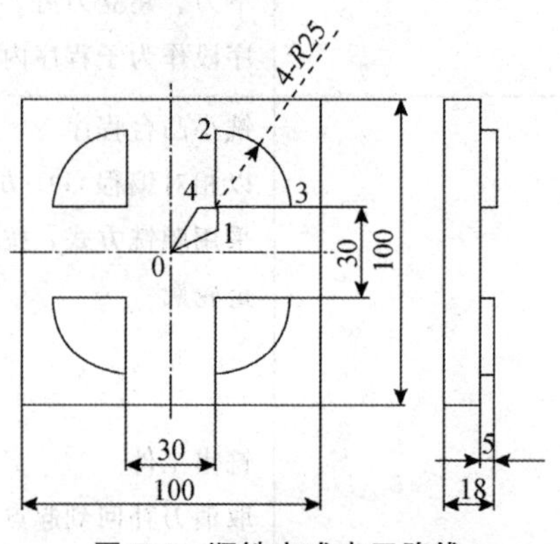

图 5-4 顺铣方式走刀路线

G51 镜像功能格式如表 5-4 所示。

表 5-4　G51 镜像功能格式

图形关于 X 轴对称	图形关于 Y 轴对称	图形关于原点轴对称
G51X－Y－I1000 J－1000	G51X－Y－I－1000 J1000	G51X－Y－I－1000 J－1000
本例中比例中心为 X0 Y0		

1.4.2　拓展训练任务 2

在 100×80×24（mm）的方形毛坯上铣 2 个轮廓尺寸成比例的扇形凸台，零件图如图 5-5 所示。

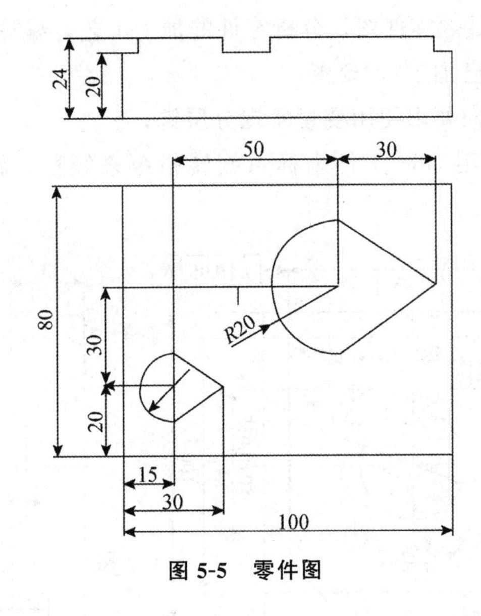

图 5-5　零件图

编程提示：大扇形凸台轮廓尺寸是小扇形凸台轮廓尺寸的两倍，采用 G51 比例缩放指令时，因两凸台位置不同，若大凸台的圆心为比例中心，则在以小凸台轮廓的编程为子程序时，应采用相对坐标 G91 编程方式。

应用比例缩放指令应注意以下几方面。

在编写比例缩放程序过程中，要特别注意建立刀补程序段的位置，刀补程序段应写在缩放程序段内。比例缩放对于刀具半径补偿值、刀具长度补偿值及刀具偏置值无效。

如果将比例缩放程序简写成“G51”，则缩放比例由机床系统自带参数决定，缩放中心则指刀具中心当前所处的位置。

比例缩放对固定循环中的 Q 值与 d 值无效。在比例缩放过程中，有时不进行 Z 轴方向的比例缩放，这时可以修改系统参数禁止在 Z 轴方向上进行比例缩放。

项目2 用户宏程序的应用1

任务描述

图5-6为技能抽考试题零件图，分析零件的加工工艺，编写零件的加工程序（零件的上下表面及四个侧面已加工），要求：

（1）在加工深度方向要求使用变量实现分层铣；

（2）钻4个孔时采用G68工件坐标系旋转指令来编程，旋转角度要求使用变量编程。

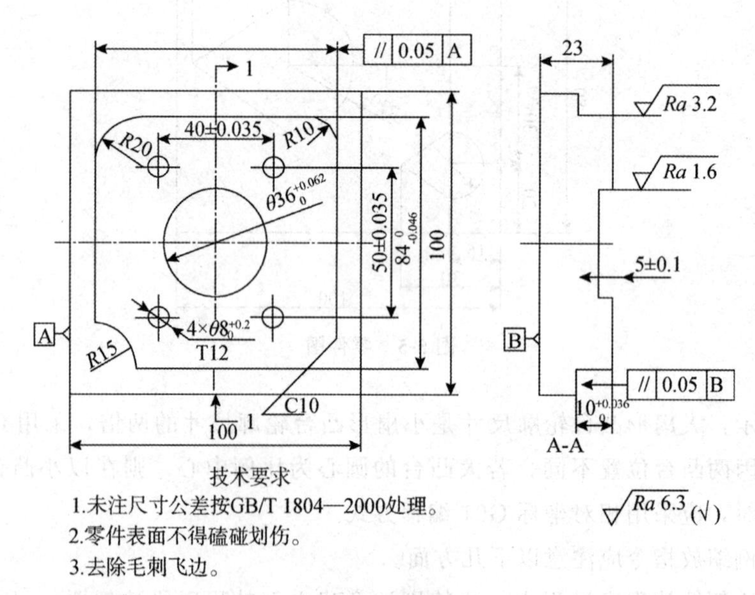

图5-6 零件图

2.1 项目任务分析

零件由凸台轮廓和型腔及4个孔组成，根据零件尺寸要求及表面粗糙度要求，凸台轮廓和型腔要采用粗铣、精铣加工，4个孔直接钻孔就能满足技术要求。

凸台轮廓高度10mm，要分层铣，可以运用子程序来简化编程，前面已有具体的应用案例。但如果应用变量来代替分层铣的切深数值，将使程序更为简化，因此需要引入用户宏程序的应用。

用户宏程序是数控机床的一项重要功能，在编程时可以使用变量代替地址字后具体的数值，并可对变量进行赋值、算术和逻辑运算，以及运用转移和循环等功能，使得编制一些加工程序时比子程序等普通方法更加方便灵活，而且程序简洁。

2.2　宏程序编程知识

2.2.1　变量形式

在编制加工程序时，程序段中指令字由地址字和数值组成，如G01 X50 Y50 F100，在宏程序中，X－Y－F－后的数值均可用变量来表示。

宏变量用“＃”号和跟随其后的变量序号来表示：＃i（i＝1，2，3……），其中变量序号i要按变量类型规定的范围来选取！见表5-2-1变量类型。

例：＃5，＃109，＃501。

2.2.2　变量的类型

变量的类型分为两种，一种为系统变量，另一种为用户变量。变量类型如表5-5所示。

系统变量：用于数控系统内部运算时各种数据的存储。

系统变量用于读与写数控系统运行时各种数据，变量＃1000以上为系统变量，如主轴当前位置、刀具补偿值等。

用户变量：包括局部变量和公共变量，用户可以单独使用。

表5-5　变量类型

变量名	变量类型	说明
＃1～＃33	局部变量	在同一程序级中调用时含义相同，若在另一级程序中使用则意义不同。当断电时局部变量初始化为空
＃100～＃199 ＃500～＃999	公共变量	可在各级宏程序中共同使用，在不同程序级中调用时含义相同。在一个宏程序中经计算得到的一个公共变量的数值，可以被另一个宏程序应用 断电时，变量＃100～＃199初始为空，而变量＃500～＃999，即使断电数据也会保存

续表

变量名	变量类型	说明
＃1000	系统变量	系统变量用于读和写 CNC 运行时各种数据，如刀具的当前位置和补偿值

2.2.3 变量的引用

（1）变量应跟在地址字后来使用。当用表达式来指定变量时，表达式应放在方括号中。如：

F＃103，若＃103＝50 时，则表示 F50；

Z＃3，若＃3＝－10 时，则表示 Z－10；

X［＃25＊2］，若＃25＝20，则表示 X40。

（2）若改变变量的值的符号时，要把“－”号放在变量前面。如：

G01 Z－＃1；

或 G00 X－［＃1＋＃3］

（3）若引用未定义的变量时，则该变量的值为空，变量及地址都会被忽略。

2.2.4 变量的赋值

（1）变量的赋值是将一个数据赋予一个变量，用“＝”来表示，如＃1＝30，一个程序段只能给一个变量赋值。

（2）可以多次对一个变量赋值，新变量值将取代原变量值，即最后赋值有效。

（3）变量也可用数学表达式来赋值，形式为：变量＝表达式，如：

＃1＝＃2＋20＊SIN［＃3］

编程时还会使用另一种赋值方式，如：

G65 P3435 A30 B20 X15 Y10

此时宏程序体是以子程序调用方式出现，程序段中 A、B、X、Y 后的数值是对相应的数字序号变量赋值，这种赋值方法称为自变量赋值。而字母 A、B、X、Y 与数字序号变量之间有确定的关系，如表 5-6 所示。

表 5-6　字母与数字序号变量之间的关系

A	＃1	I	＃4	T	＃20
B	＃2	J	＃5	U	＃21
C	＃3	K	＃6	V	＃22
D	＃7	M	＃13	W	＃23
E	＃8	Q	＃17	X	＃24

续表

F	#9	R	#18	Y	#25
H	#11	S	#19	Z	#26

根据程序段 G65 P3435 A30 B20 X15 Y10 和表 5-5 可知：

#1=30；#2=20；#24=15；#25=10

2.2.5　算术和逻辑运算

宏程序具有赋值、算术运算、逻辑运算及函数运算等功能，如表 5-7 所示。表中右边的表达式可以是常数，也可以是函数或运算符组成的变量。

表 5-7　算术和逻辑运算

功能	格式	备注
定义	#i=#j	
加法 减法 乘法 除法	#i=#j+#k #i=#j-#k #i=#j*#k #i=#j/#k	#1=#2+#3
正弦 反正弦 余弦 反余弦 正切 反正切	#i=SIN [#j] #i=ASIN [#j] #i=COS [#j] #i=ACOS [#j] #i=TAN [#j] #i=ATAN [#j] / [#K]	#1=SIN [#2] 角度以度指定，如 90°30′表示为 90.5°，#2=90.5 [#j] / [#K] 为对应两个边的比值
平方根 绝对值 舍入 上取整 下取整 自然对数 指数函数	#i=SQRT [#j] #i=ABS [#j] #i=ROUND [#j] #i=FIX [#j] #i=FUP [#j] #i=LN [#j] #i=EXP [#j]	上取整为舍去，下取整为进位。 假设#1=1.2，当执行#3=FIX [#1] 时，将 1.0 赋给#3；当执行#3=FUP [#1] 时，将 2.0 赋给#3
或 异或 与	#i=#jOR#k #i=#jXOR#k #i=#jAND#k	

进行宏程序运算时，要注意：

①运算次序

宏程序中算术运算次序遵循：先函数，后乘除，再加减。如图 5-7 所示，标记的顺序为运算顺序。

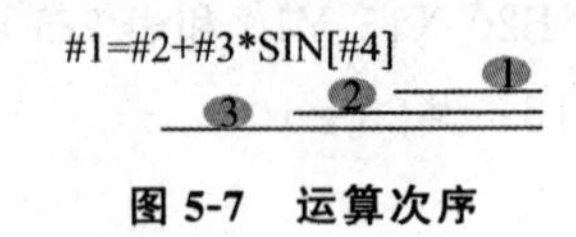

图 5-7　运算次序

②括号嵌套

括号改变运算次序，宏程序括号可以使用 5 级，超过 5 级即会发出报警信号。有括号运算时，先计算最里层括号，依次往外推，最外层括号最后计算。如图 5-8 所示。

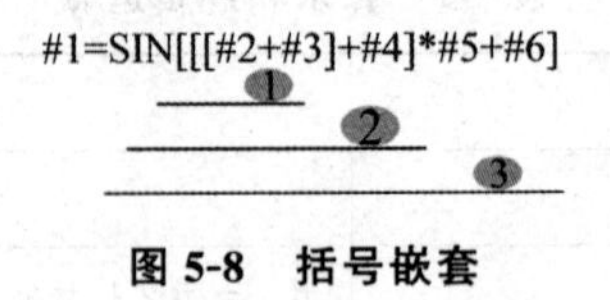

图 5-8　括号嵌套

2.2.6　转移和循环

转移和循环的功能是控制宏程序执行的流向。比如零件加工深度为 10mm，分层铣 2mm，累加铣到第 5 次时要停止执行，还未达到 10mm 深时，宏程序要继续执行。

(1) 三种转移和循环操作

①GOTO 语句（无条件转移）

②IF 语句（条件转移，IF……THEN……）

③WHILE 语句（当……循环）

转移和循环语句如表 5-8 所示。

表 5-8　转移和循环语句

语句	形式	功能说明
GOTO 语句	GOTO n 例 GOTO10	无条件转移，转移到标有顺序号 n 的程序段
IF 语句	IF［条件表达式］GOTO n 例 IF［＃1LE10］GOTO100	如果条件表达式满足时，转移到标有顺序号 n 的程序段。如果指定的条件不满足，执行下个程序段
	IF［条件表达式］THEN……例 IF［＃1EQ ＃2］THEN＃3＝0	如果条件表达式满足时，执行预先决定的宏程序语句，且只执行一个宏程序语句

续表

语句	形式	功能说明
WHILE 语句	WHILE［条件表达式］DO m（m＝1，2，3） …… …… ENDm 例 WHILE［＃1LE10］DO1 G01 X50 …… END1	（1）当 WHILE 后指定的条件满足时，执行从 DO 到 END 之间的程序段。否则，转到 END 后的程序段 （2）DO 后的号和 END 后的号是指定程序执行的范围，要对应，标号值为 1、2、3，不能用 1、2、3 以外的数字，否则产生报警

（2）条件表达式的书写

条件表达式用于两个值的比较，必须包括运算符。运算符插在两个变量中间或变量和常数中间，并且用括号括起来。运算符如表 5-9 所示。

表 5-9　运算符

运算符	含义	表达式
EQ	等于＝	＃j EQ ＃k
NE	不等于≠	＃j NE ＃k
GT	大于＞	＃j GT ＃k
GE	大于或等于≥	＃j GE ＃k
LT	小于＜	＃j LT ＃k
LE	小于或等于≤	＃j LE ＃k

（3）转移和循环流程图

①IF 语句

IF 语句如图 5-9 所示。

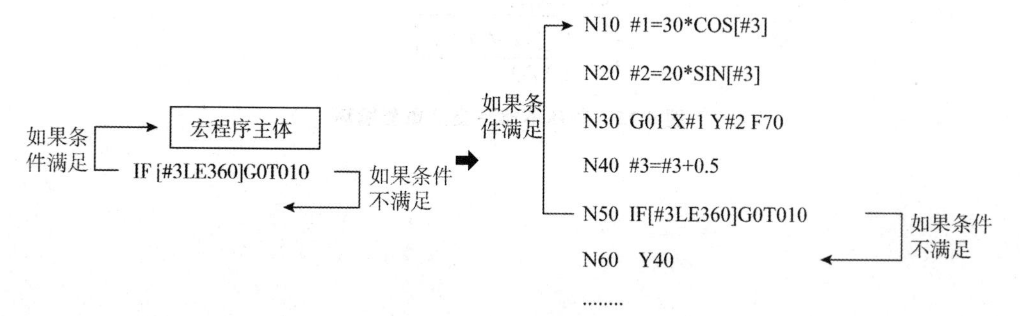

图 5-9　IF 语句

②WHILE 语句

WHILE 语句如图 5-10 所示。

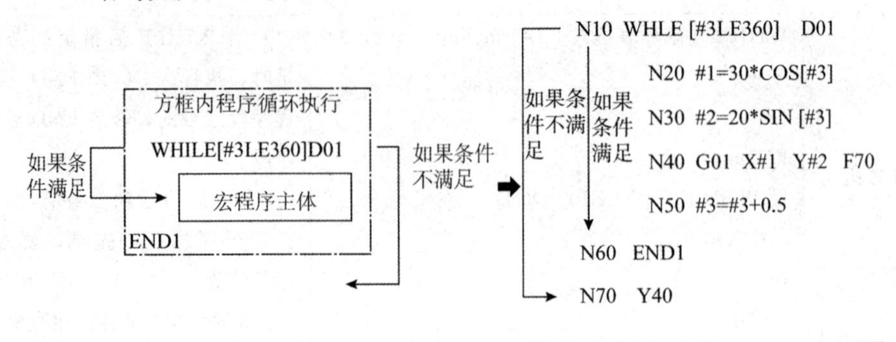

图 5-10 WHILE 语句

（4）使用 WHILE 语句注意事项

①在 DO—END 循环中的标号（1 到 3）可根据需要多次使用。如图 5-11 所示。

WHILE［……］DO1

宏程序主体

END1

:

WHILE［……］DO1

宏程序主体

END1

图 5-11 DO—END 循环中的标号可多次使用

②程序不能有交叉重复循环，如图 5-12 所示。

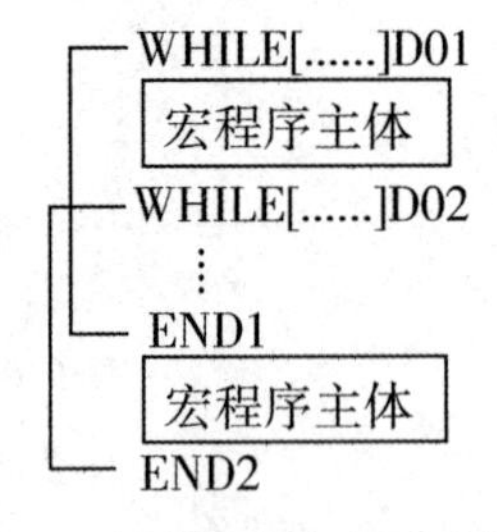

图 5-12 程序不能有交叉重复循环

③DO 循环可以嵌套 3 级使用，如图 5-13 所示。

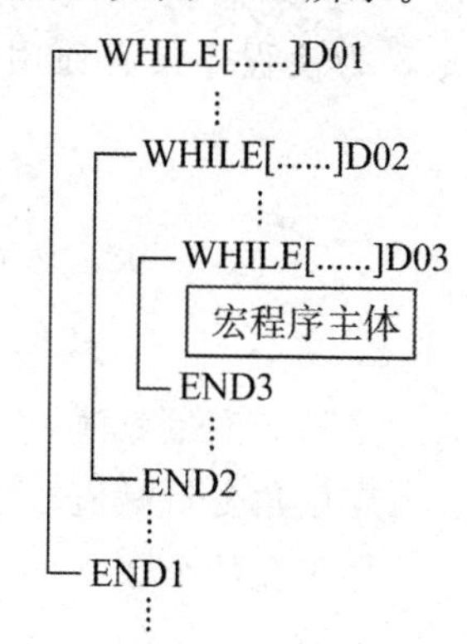

图 5-13　DO 循环可以嵌套 3 级使用

2.2.7　钻孔宏程序编程示例

利用宏程序加工圆周等分孔，如图 5-14 所示。在半径为 r 的圆周上均匀地钻几个等分孔，起始角度为 α，孔数为 n。以圆心点 O 为编程原点，以零件上表面为 Z 向零点。

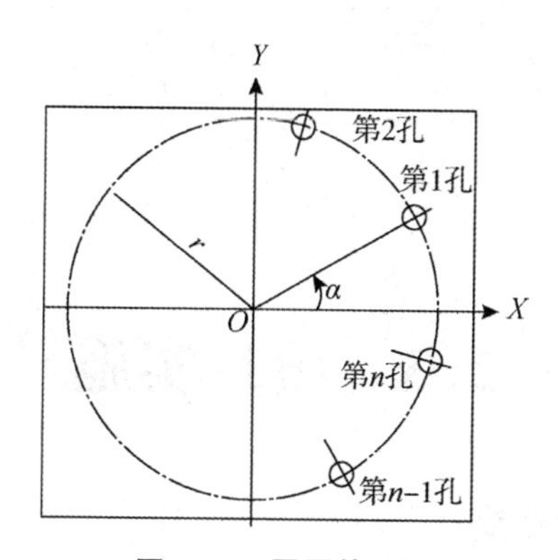

图 5-14　圆周等分孔

编程分析：

• 孔心的坐标：孔均布于圆周上，孔心的坐标以极坐标方式表现，可以省去三角函数计算，所以采用 G16 指令。

• G16 X－Y－格式中 X、Y 地址后接极径和极角，这两个值要用两个变量来表示，分别设为＃1 和＃2。

• 极角的计算：图中孔的起始角为 α 角，孔数为 n，等分角为 360/n，钻第 1 个孔的极角为起始角，第 2 个孔的极角为起始角与 1 倍等分角之和，第 3 个孔的极角为起始角与 2 倍等分角之，依次类推第 i（当前加工孔的序数）个孔，极角的计算式为：

$$\theta = \alpha + (i - 1)360/n$$

因些极角计算要有 3 个变量，一个为起始角变量，一个为孔的个数，另一个为当前加工孔的序数，3 个变量分别设为＃3、＃4 和＃5，则

＃2＝＃3＋（＃5－1）＊360/＃4

•钻孔深度根据具体零件而定，为使程序具有通用性，将钻孔深度也设为一个变量，为＃6。

钻孔程序：

```
G54 G90 G40 G80 G49 Z0 Z50
M03 S400
＃1＝40                     半径 r 变量赋值
＃3＝20                     起始角变量赋值
＃4＝6                      加工孔的个数
＃5＝1                      当前加工孔的序数
＃6＝15                     孔的加工深度
WHILE [＃5LE＃4] DO1
＃2＝＃3＋（＃5－1）＊360/＃4
G90 G98 G83 G16 X＃1 Y＃2 Z－＃6 R5 Q5 F40
＃5＝＃5＋1
END1
G0 Z100
M05
M30
```

2.3 项目实施

2.3.1 零件加工工艺方案

（1）确定工件的定位基准。

以工件的底面和两侧面为定位基准面。

（2）拟定工艺路线

1）按 105×105×20（mm）下料。

2）在普通铣床上铣削 6 个面，保证 100×100×23（mm）尺寸，去毛刺。

3）在加工中心或数控铣床上粗铣、精铣凸台及型腔，铣至尺寸。

4）钻中心孔。

5）钻孔。

6）检验。

2.3.2 编制数控加工技术文档

（1）机械加工工艺过程卡

机械加工工艺过程卡如表 5-10 所示。

表 5-10　机械加工工艺过程卡

<table>
<tr><td colspan="3" rowspan="2">机械加工工艺过程卡</td><td>产品名称</td><td>零件名称</td><td colspan="2">零件图号</td></tr>
<tr><td></td><td></td><td colspan="2"></td></tr>
<tr><td>材料名称及牌号</td><td>45 钢</td><td>毛坯种类或材料规格</td><td colspan="2">105×105×25（mm）</td><td>总工时</td><td></td></tr>
<tr><td>工序号</td><td>工序名称</td><td>工序简要内容</td><td>设备名称及型号</td><td>夹具</td><td>量具</td><td>工时</td></tr>
<tr><td>10</td><td>下料</td><td>105×105×25</td><td>切割机</td><td></td><td>钢尺</td><td></td></tr>
<tr><td>20</td><td>铣面</td><td>粗、精铣 6 个面
铣至尺寸 100×100×23</td><td>普通铣床</td><td>平口钳</td><td>游标卡尺</td><td></td></tr>
<tr><td>材料名称及牌号</td><td>45 钢</td><td>毛坯种类或材料规格</td><td colspan="2">105×105×25（mm）</td><td>总工时</td><td></td></tr>
<tr><td>工序号</td><td>工序名称</td><td>工序简要内容</td><td>设备名称及型号</td><td>夹具</td><td>量具</td><td>工时</td></tr>
<tr><td rowspan="2">30</td><td rowspan="2">数铣</td><td>粗铣凸台及型腔轮廓
留精铣余量
精铣轮廓至尺寸要求</td><td rowspan="2">数控铣床</td><td rowspan="2">平口钳</td><td rowspan="2">游标卡尺
千分尺</td><td></td></tr>
<tr><td>钻中心孔，钻孔</td><td></td></tr>
<tr><td>40</td><td>检</td><td>按图纸要求检测尺寸</td><td></td><td></td><td>游标卡尺
千分尺</td><td></td></tr>
<tr><td>编制</td><td></td><td>审核</td><td>批准</td><td></td><td>共　页</td><td>第　页</td></tr>
</table>

（2）数控加工工序卡

数控加工工序卡如表 5-11 所示。

表 5-11　数据加工工序卡

<table>
<tr><td colspan="7" rowspan="2">数控加工工序卡</td><td colspan="2">产品名称</td><td>零件名称</td><td colspan="2">零件图号</td></tr>
<tr><td colspan="2"></td><td>X46</td><td colspan="2">X46</td></tr>
<tr><td>工序号</td><td>30</td><td>程序编号</td><td>O5320～O5323</td><td>材料</td><td>45 钢</td><td>数量</td><td>5</td><td>夹具名称</td><td>平口钳</td><td>加工设备</td><td></td></tr>
<tr><td rowspan="2">工步号</td><td colspan="3" rowspan="2">工步内容</td><td colspan="5">切削用量</td><td colspan="2">刀具</td><td>量具</td></tr>
<tr><td colspan="2">V_C (m/min)</td><td>n (r/min)</td><td>f (mm/min)</td><td>a_p (mm)</td><td>编号</td><td>名称</td><td>名称</td></tr>
<tr><td>1</td><td colspan="3">粗铣凸台轮廓及型腔留精铣余量 0.5mm</td><td colspan="2">20</td><td>350</td><td>80</td><td>2</td><td>T1</td><td>ϕ20 立铣刀</td><td>游标卡尺
千分尺</td></tr>
<tr><td>2</td><td colspan="3">精铣凸台及型腔轮廓，铣至尺寸</td><td colspan="2">30</td><td>500</td><td>60</td><td>10</td><td>T2</td><td>ϕ20 立铣刀</td><td>游标卡尺
千分尺</td></tr>
</table>

续表

<table>
<tr><td colspan="4" rowspan="2">数控加工工序卡</td><td colspan="2">产品名称</td><td>零件名称</td><td colspan="2">零件图号</td></tr>
<tr><td colspan="2"></td><td>X46</td><td colspan="2">X46</td></tr>
<tr><td>5</td><td>钻中心孔</td><td>8</td><td>900</td><td>80</td><td>2</td><td>T3</td><td>ϕ2.5 中心钻</td><td>游标卡尺</td></tr>
<tr><td>6</td><td>钻 ϕ8 孔</td><td>12</td><td>400</td><td>45</td><td>25</td><td>T4</td><td>ϕ8 麻花钻</td><td>游标卡尺</td></tr>
<tr><td>编制</td><td></td><td>审核</td><td></td><td>批准</td><td colspan="2"></td><td>共　页</td><td>第　页</td></tr>
</table>

2.3.3　数控加工程序

采用宏变量编程，凸台轮廓开粗加工程序卡如表 5-12 所示，型腔开粗加工程序卡如表 5-13 所示，钻孔加工程序如表 5-14 所示。

表 5-12　凸台轮廓开粗加工程序卡

<table>
<tr><td>零件名称</td><td></td><td>数控系统</td><td>FANUC 0i</td><td>程序号</td><td></td></tr>
<tr><td>零件图号</td><td></td><td>程序号</td><td>O5320</td><td>编制</td><td></td></tr>
<tr><td colspan="3">主程序（IF 转移语句）</td><td colspan="3">程序说明</td></tr>
<tr><td colspan="3">O5320</td><td colspan="3">（切深变量设为＃1）</td></tr>
<tr><td colspan="3">G54 G90 G40G49 G0 Z50</td><td colspan="3"></td></tr>
<tr><td colspan="3">M03 S500 M07</td><td colspan="3"></td></tr>
<tr><td colspan="3">G0 X－65 Y0</td><td colspan="3">定位在轮廓外</td></tr>
<tr><td colspan="3">Z5</td><td colspan="3">快速下刀工件表面上方</td></tr>
<tr><td colspan="3">＃1＝2</td><td colspan="3">给分层铣切深变量赋值，每次下刀深 2mm</td></tr>
<tr><td colspan="3">N500G1 Z－＃1 F100</td><td colspan="3">标记顺序号，工进速度下刀，Z 地址引用切深变量</td></tr>
<tr><td colspan="3">G41 X－42 Y0 D01</td><td colspan="3">建立刀补从轮廓中点切入</td></tr>
<tr><td colspan="3">Y22</td><td colspan="3">顺铣方式，顺时针走刀铣轮廓</td></tr>
<tr><td colspan="3">G02 X－22 Y42 R20</td><td colspan="3">铣轮廓继续</td></tr>
<tr><td colspan="3">G01 X32</td><td colspan="3"></td></tr>
<tr><td colspan="3">G02 X42 Y32 R10</td><td colspan="3"></td></tr>
<tr><td colspan="3">G01 Y－32</td><td colspan="3"></td></tr>
<tr><td colspan="3">X42 Y－42</td><td colspan="3"></td></tr>
<tr><td colspan="3">X－27</td><td colspan="3"></td></tr>
<tr><td colspan="3">G03 X－42 Y－27 R15</td><td colspan="3"></td></tr>
<tr><td colspan="3">G01 Y10</td><td colspan="3">越过轮廓线中点</td></tr>
<tr><td colspan="3">X－65</td><td colspan="3">退出</td></tr>
<tr><td colspan="3">G40 Y0</td><td colspan="3">取消刀补，回到刀具定位起始点</td></tr>
<tr><td colspan="3">＃1＝＃1＋2</td><td colspan="3">切深变量累加计算，在原来值的基础上再加上 2mm</td></tr>
<tr><td colspan="3">IF ［＃1LE10］ GOTO500</td><td colspan="3">条件控制语句，当切深小于等于 10mm 时，转移到顺序号为 500 的程序段执行</td></tr>
<tr><td colspan="3">G0 Z100</td><td colspan="3"></td></tr>
<tr><td colspan="3">M05 M09</td><td colspan="3"></td></tr>
<tr><td colspan="3">M30</td><td colspan="3"></td></tr>
<tr><td colspan="3">WHILE 循环语句的主程序</td><td colspan="3"></td></tr>
</table>

续表

<table>
<tr><td>零件名称</td><td></td><td>数控系统</td><td>FANUC 0i</td><td>程序号</td><td></td></tr>
<tr><td colspan="3">O3121
G54 G90 G40G49 G0 Z50
M03 S500 M07
G0 X－65 Y0
Z5
＃1＝2
WHILE [＃1LE10] DO1
G1 Z－＃1 F100
G41 X－42 Y0 D01
Y22
G02 X－22 Y42 R20
G01 X32
G02 X42 Y32 R10
G01 Y－32
X42 Y－42
X－27
G03 X－42 Y－27 R15
G01 Y10
X－65
G40 Y0
＃1＝＃1＋2
END1
G0 Z100
M05 M09
M30</td><td colspan="3">

当＃1 小于等于 10 时，循环执行 DO～END 之间程序段

回到 WHILE 语句进行比较循环</td></tr>
</table>

表 5-13　型腔开粗加工程序卡

<table>
<tr><td>零件名称</td><td></td><td>数控系统</td><td>FANUC 0i</td><td>编制日期</td><td></td></tr>
<tr><td>零件图号</td><td></td><td>程序号</td><td>O5321</td><td>编制</td><td></td></tr>
<tr><td colspan="3">主程序</td><td colspan="3">程序说明</td></tr>
<tr><td colspan="3">O5321
G54 G90 G40G49 G0 Z50
M03 S500 M07
G0 X10 Y0
Z5
＃2＝2.5
G1 Z0.5 F100
WHILE [＃2LE5] DO1
G03 I－10 Z－＃2
G03 I－10
＃2＝＃2＋2.5
END1
G0 Z100
M05 M09
M30</td><td colspan="3">

ϕ20 立铣刀，第一象限点偏移刀具半径值定位
快速下刀工件表面上方
型腔下刀分层切深变量，赋值

＃2 变量小于等于 5 时，循环执行 DO～END 之间程序段</td></tr>
</table>

表 5-14 钻孔加工程序卡

零件名称		数控系统	FANUC 0i	编制日期	
零件图号		程序号	O5322	编制	
主程序			程序说明		
O5322 G54 G90 G40G49 G80 G0 Z50 M03 S400 M07 G0 X60 Y0 G99 G81 X20 Y25 Z－15 R5 F45 X－20 Y25 X20 Y－25 G98 X－20 Y－25 G0 Z100 M05 M09 M30					

2.3.4 试加工与调试

试加工与调试步骤如下。

(1) 开机，进入数控加工仿真系统；

(2) 回零；

(3) 工件装夹与找正，并进行对刀；

(4) 输入程序，并进行调试加工；

(5) 自动加工；

(6) 测量工件。

2.4 拓展训练任务

任务描述

按零件图纸要求编写程序加工凸台、型腔及 3 个 $\phi10$ 孔至尺寸要求，凸台轮廓采用宏变量实现分层铣，零件图如图 5-15 所示。

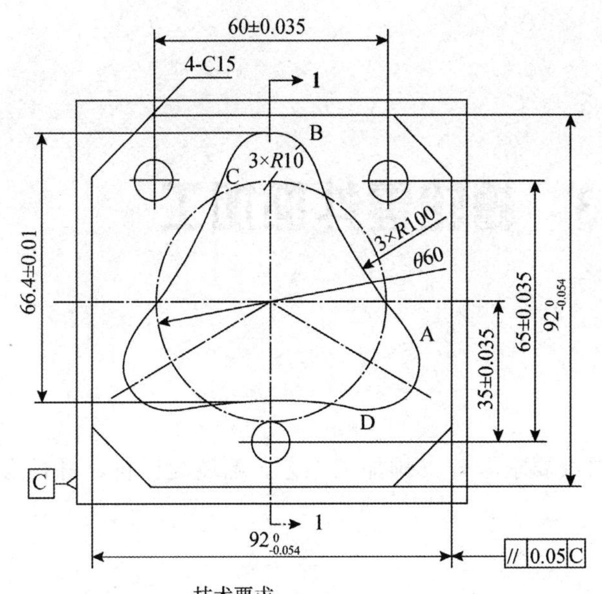

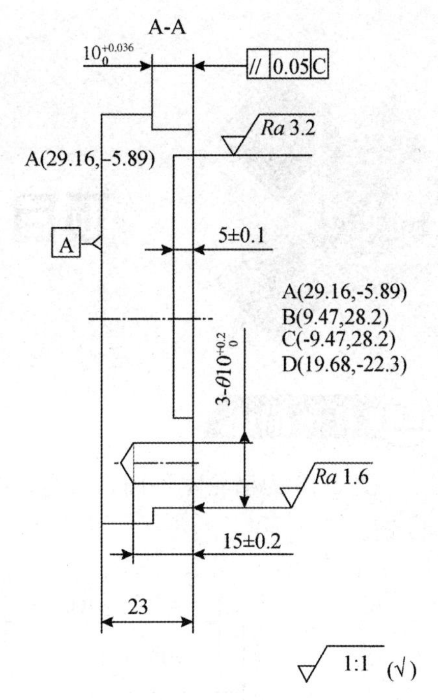

技术要求

1.未注尺寸公差按GB/T 1804—2000处理。

2.零件表面不得磕碰划伤。

3.去除毛刺飞边。

图 5-15　零件图

项目3　槽轮零件的加工

任务描述

图 5-16 为槽轮零件图，按零件图纸要求合理安排加工工艺。毛坯为棒料，材料为 45 钢。

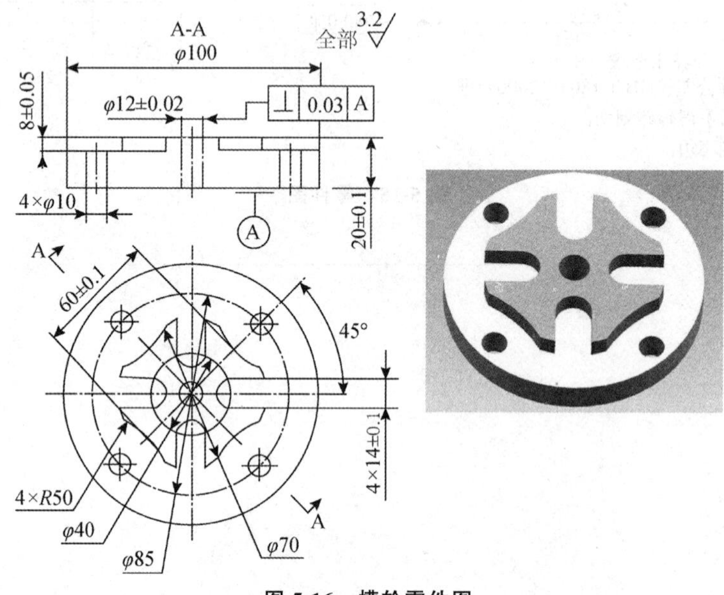

图 5-16　槽轮零件图

3.1　项目任务分析

3.1.1　零件的技术要求

零件除 ϕ12 孔公差要求较高以外，其余尺寸公差要求不高。ϕ12 孔的公差等级从表 5-15 查得为 IT9，采用钻底孔、铰孔方法来加工。加工方法的选择请查阅附件相关的工艺知识资料。

表 5-15　标准公差等级表

基本尺寸 mm		标准公差等级																	
		IT1	IT2	IT3	IT4	IT5	IT6	IT7	IT8	IT9	IT10	IT11	IT12	IT13	IT14	IT15	IT16	IT17	IT18
大于	至	μm											mm						
—	3	0.8	1.2	2	3	4	6	10	14	25	40	60	0.1	0.14	0.25	0.4	0.6	1	1.4
3	6	1	1.5	2.5	4	5	8	12	18	30	48	75	0.12	0.18	0.3	0.48	0.75	1.2	1.8
6	10	1	1.5	2.5	4	6	9	15	22	36	58	90	0.15	0.22	0.36	0.58	0.9	1.5	2.2
3010	18	1.2	2	3	5	8	11	18	27	43	70	110	0.18	0.27	0.43	0.7	1.1	1.8	2.7
18	30	1.5	2.5	4	6	9	13	21	33	52	84	130	0.21	0.33	0.52	504	1.3	2.1	3.3
30	50	1.5	2.5	4	7	11	16	25	39	62	100	160	0.25	0.39	0.62	1	1.6	2.5	3.9
50	80	2	3	5	8	13	19	30	46	74	120	190	0.3	0.46	0.74	1.2	1.9	3	4.6
80	120	2.5	4	6	10	15	22	35	54	87	140	220	0.35	0.54	0.87	1.4	2.2	3.5	5.4
120	180	3.5	5	8	12	18	25	40	63	100	160	250	0.4	0.63	1	1.6	2.5	4	6.3
180	250	4.5	7	10	14	20	29	46	72	115	183	290	0.46	0.72	1.15	1.85	2.9	4.6	7.2
250	315	6	8	12	16	23	32	52	81	130	210	320	0.52	0.81	1.3	2.1	3.2	5.2	8.1
315	400	7	9	13	18	25	36	57	89	140	230	360	0.57	0.89	1.4	2.3	3.6	5.7	8.9
400	500	8	10	15	20	27	40	63	97	155	250	400	0.63	0.97	1.55	2.5	4	6.3	9.7
500	630	9	11	16	22	32	44	70	110	175	280	440	0.7	1.1	1.75	2.8	4.4	7	11

续表

基本尺寸 mm		标准公差等级																	
		IT1	IT2	IT3	IT4	IT5	IT6	IT7	IT8	IT9	IT10	IT11	IT12	IT13	IT14	IT15	IT16	IT17	IT18
630	800	10	13	18	25	36	50	80	125	200	320	500	0.8	1.25	2	3.2	5	8	12.5
800	1000	11	15	21	28	40	56	90	140	230	360	560	0.9	1.4	2.3	3.6	5.6	9	14
1000	1250	13	18	24	33	47	66	105	165	260	420	660	1.05	1.65	2.6	4.2	6.6	10.5	16.5
1250	1600	15	21	29	39	55	78	125	195	310	500	780	1.25	1.95	3.1	5	7.8	12.5	19.5
1600	2000	18	25	35	46	65	92	150	230	370	600	920	1.5	2.3	3.7	6	9.2	15	23
2000	2500	22	30	41	55	78	110	175	280	440	700	1100	1.75	2.8	4.4	7	11	17.5	28
2500	3150	26	36	50	68	96	135	210	330	540	860	1350	2.1	3.3	5.4	8.6	13.5	21	33

注：1. 基本尺寸大于 500mm 的 IT1 至 IT5 的标准公差数值为试行的。

2. 基本尺寸小于或等于 1mm 时，无 IT14 至 IT18。

根据零件的结构，采用先车削后铣削方式，先车削 ϕ100、ϕ70 外圆，平端面保证总长，后铣花形凸台，再加工孔。

根据零件的加工精度要求，两个外圆及上、下端面为粗车和半精车，花形凸台采用粗铣和精铣加工，ϕ12 孔采用钻削、铰削方法加工。

铣削时，采用三爪卡盘装夹。零件图中 ϕ12 孔与基准面 A 有垂直度要求，装夹时以底面和 ϕ100 外圆为定位基准面。

3.1.2　毛坯和铣削刀具的选择

零件厚度为 20mm，考虑到零件车削时装夹方便，下一根棒料可加工 5 个零件，毛坯规格为 ϕ105×120（mm）。

槽轮中花形凸台中 ϕ70 圆弧在车削中已加工好，因此还有 4 处较小余量的 R50 凹圆弧段和 4 处宽 14 的直槽未加工，为减少换刀次数，选择一把 ϕ12 高速钢立铣刀来加工。

3.2　项目任务编程分析

零件的铣削加工包括花形凸台的加工和 4 个 ϕ10 孔和 1 个 ϕ12 孔的加工。花形凸台的 *R*50 凹圆弧面和宽 14 的直槽呈一定角度有规律分布，所以采用 G68 指令来编程加工。*R*50 凹圆弧面走刀路线如图 5-17 所示，从点 1 至点 2 建立刀补，从点 2 逆时针方向沿各点走刀至点 5，点 5 取消刀补回到点 1。各点到坐标原点距离如图 5-18 所示，可以通过 CAD 或 UG 绘图软件获得。

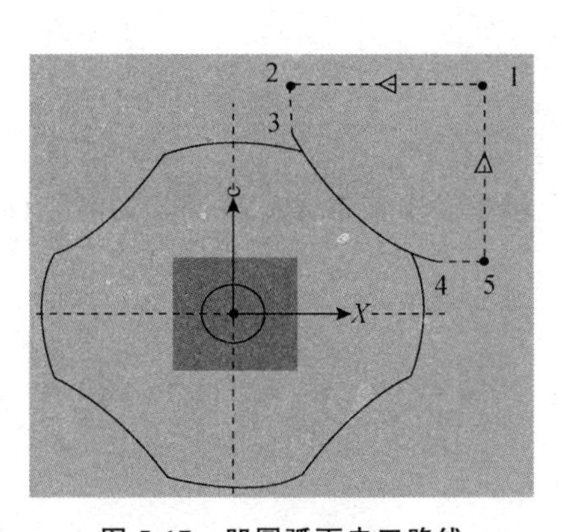

图 5-17　凹圆弧面走刀路线

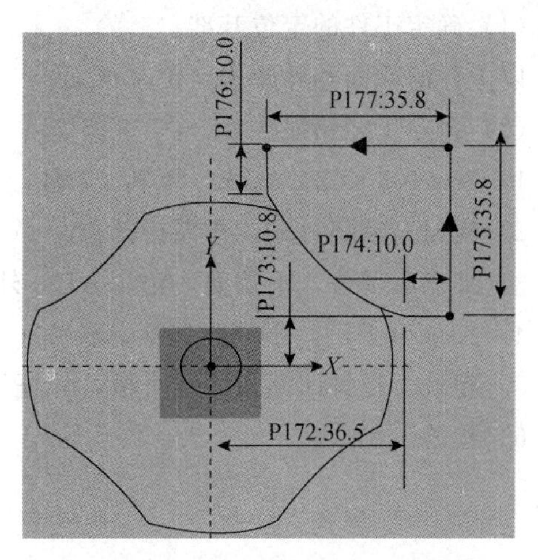

图 5-18　凹圆弧面走刀各点坐标

宽 14 的直槽走刀路线如图 5-19 所示。从点 0 建立刀补至点 1，从点 1 逆时针方向沿着各点走刀点 4，取消刀补回到点 0。

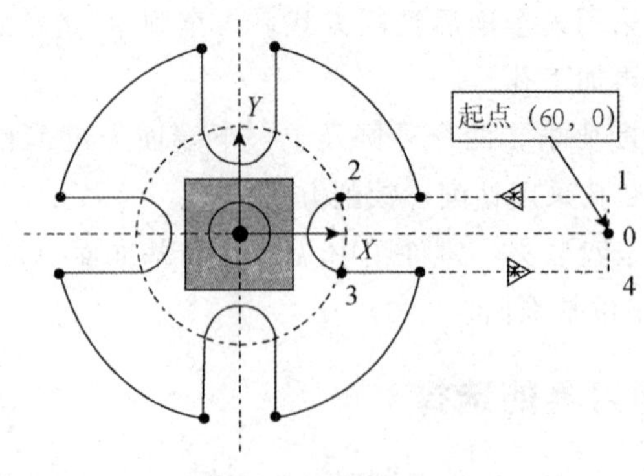

图 5-19　直槽走刀路线

凹圆弧面的加工因余量较少，一次吃刀深度 8mm，而铣直槽时余量大，深度方向分层铣，每层铣深 4mm。每 G68 旋转一次工件坐标系，调用铣直槽的子程序和铣凹圆弧面子程序。

3.3　项目实施

3.3.1　零件加工工艺方案

确定生产类型：拟定为大批量生产。

拟订工艺路线。

（1）确定工件的定位基准。

以工件的端面和外圆为定位基准面。

（2）拟定工艺路线

1）按 ϕ105×120（mm）下料，5 件。

2）先粗车毛坯一端，作夹持部位。

3）夹已车部位，平端面，粗车 ϕ100 外圆、粗车、半精车 ϕ70 外圆，切断工件。

4）夹 ϕ70 外圆，平端面保证总长 20。

5）粗铣、精铣凹圆弧面及直槽，保证尺寸。

6）检验。

3.2　编制数控加工技术文档

（1）机械加工工艺过程卡

机械加工工艺过程卡如表 5-16 所示。

表 5-16　机械加工工艺过程卡

<table>
<tr><td colspan="3" rowspan="2">机械加工工艺过程卡</td><td>产品名称</td><td>零件名称</td><td colspan="2">零件图号</td></tr>
<tr><td></td><td>槽轮</td><td colspan="2"></td></tr>
<tr><td>材料名称及牌号</td><td>45 钢</td><td>毛坯种类或材料规格</td><td colspan="2">ϕ105×120（mm）</td><td>总工时</td><td></td></tr>
<tr><td>工序号</td><td>工序名称</td><td>工序简要内容</td><td>设备名称及型号</td><td>夹具</td><td>量具</td><td>工时</td></tr>
<tr><td>10</td><td>下料</td><td>ϕ105×120</td><td>锯床</td><td></td><td>游标卡尺
钢尺</td><td></td></tr>
<tr><td rowspan="2">20</td><td rowspan="2">数车</td><td>平端面，粗车 ϕ100 外圆、粗车、半精车 ϕ70 外圆，切断工件</td><td rowspan="2">数控车床</td><td rowspan="2">三爪卡盘</td><td rowspan="2">游标卡尺</td><td rowspan="2"></td></tr>
<tr><td>夹 ϕ70 外圆，平端面保证总长 20</td></tr>
<tr><td>30</td><td>检</td><td>按车削工序图纸尺寸检查</td><td></td><td></td><td>游标卡尺</td><td></td></tr>
<tr><td>40</td><td>数铣</td><td>粗铣、精铣凹圆弧面、直槽及孔至尺寸要求</td><td>加工中心</td><td>三爪卡盘</td><td>游标卡尺
千分尺</td><td></td></tr>
<tr><td>50</td><td>检</td><td>按图纸要求检测尺寸</td><td></td><td></td><td>游标卡尺
千分尺</td><td></td></tr>
<tr><td>编制</td><td></td><td>审核</td><td>批准</td><td></td><td>共　页</td><td>第　页</td></tr>
</table>

（2）数控加工工序卡

数控加工工序卡如表 5-17 所示。

表 5-17 数铣加工工序卡

数控加工工序卡				产品名称		零件名称	零件图号	
						槽轮		
工序号	40	程序编号	O5001～O5004	材料牌号	45 钢	夹具名称	三爪卡盘	加工设备 数控铣床
工步号	工步内容	切削用量				刀具		
		V_C (m/min)	n (r/min)	f (mm/min)	a_p (mm)	编号	名称	名称
1	粗铣凹圆弧面和直槽留精铣余量 0.5mm	20	800	100	2	T1	ϕ12 立铣刀	游标卡尺 千分尺
2	精铣凹圆弧面和直槽，铣至尺寸	30	1200	80	10	T2	ϕ12 立铣刀	游标卡尺 千分尺
3	钻 5 处中心孔	10	1000	100	1.5	T3	ϕ3 中心钻	游标卡尺
4	钻 ϕ10 孔	12	400	40	5	T4	ϕ10 麻花钻	游标卡尺
5	钻 ϕ12 底孔 ϕ11.8	12	400	40	5	T5	ϕ11.8 麻花钻	游标卡尺
6	铰 ϕ12 孔	5	400	45	0.5	T6	ϕ12 铰刀	游标卡尺 千分尺
编制		审核		批准			共 页	第 页

3.3 数控加工程序

铣凹圆弧面加工程序卡如表 5-18 所示。开粗时刀具半径补偿值为（6+0.5）。

表 5-18　铣凹圆弧面加工程序卡

零件名称	槽轮	数控系统	FANUC 0i	编制日期	
零件图号		程序号	O5001～O5003	编制	
主程序		程序说明			
O5001					
G54 G90 G40 G49 M03 S500 Z100					
X60 Y0		ϕ70 外圆已加工完，定位在毛坯外			
Z5		快速下刀工件表面上方			
G01Z0 F100		工进速度下至工件表面			
M98 P025002		调用子程序分 2 次下刀，每次切深 4mm 铣直槽			
M98 P5003		调用子程序铣圆弧面			
G0 Z0		抬刀 Z0 位置，为下一个直槽和凹圆弧面的加工作准备			
G68 X0 Y0R90					
M98 P025002		工件坐标系旋转 90°，旋转中心为工件中心			
M98 P5003		调用子程序加工直槽			
G0 Z0		调用子程序加工凹圆弧面			
G68 X0 Y0R180		以下依次类推			
M98 P025002					
M98 P5003					
G0 Z0					
G68 X0 Y0R270					
M98 P025002					
M98 P5003					
G90 G0 Z50					
G69		加工完毕抬刀			
M05		工件坐标系旋转功能结束			
M30					
直槽分层铣子程序		将建立刀补、走轮廓、取消刀补之间程序段作为子程序内容，对应图 5-19			

续表

零件名称	槽轮	数控系统	FANUC 0i	编制日期	
O5002 G91 G01 Z−4 F100 G90 G41 Y7 D01 G01 X20 G03 Y−7 R7 G01 X60 G40G0 Y0 M99			子程序号 相对坐标方式下刀，在原深度再下刀 4mm 移动至点 1 建立刀补 顺铣方式走刀至点 2，开始逆时针走刀铣直槽轮廓 圆弧插补至点 3 直线插补至点 4 取消刀补回到起始点 子程序结束指令		
凹圆弧面子程序			将建立刀补、走轮廓、取消刀补之间程序段作为子程序内容，对应图 5-18		
O5003 G0 X46.5 Y46.6 G90 G41X10.7 D01 Y36.6 G03 X36.5 Y10.8 R50 G01 X46.5 G40G0 Y46.6 M99			程序号 快速定位至点 1 移动至点 2 建立刀补 点 3 圆弧插补至点 4 切出至点 5 取消刀补回到点 1 子程序结束		

钻孔加工程序卡如表 5-19 所示。在加工中心上加工零件，与数控铣床不同的是加工中心有刀库，可以实现自动换刀，换刀时主轴要停止转动，刀具要抬到换刀平面。换刀程序段如下：

G91 G28 Z0 M05	抬刀至换刀平面
T×× M06	××为刀具号，从刀库找到对应刀具号的刀换到主轴上
M03 S××××	主轴转
G90 G43 H××	仿真时用刀具长度补偿功能对当前刀具在 Z 轴方向进行补偿，不再对刀。

表 5-19　钻孔加工程序卡

零件名称	槽轮	数控系统	FANUC 0i	编制日期	
零件图号		程序号	O5004	编制	
主程序			程序说明		
O5004					
G91 G28 Z0			提刀到换刀平面		
T03 M06			选择 3 号刀中心钻，换刀		
M03 S1000					
G54 G90 G40 G49G80 Z100					
X0 Y0			定位在 ϕ12 孔心		
G90 G43 H03 Z10			进行长度正向补偿		
G99G81 Z−3.2 R5 F100			ϕ12 孔钻中心孔		
G16 X42.5 Y45			用极坐标定位钻第一象限 ϕ10 孔中心孔		
Y135			第二象限的孔		
Y225			第三象限的孔		
Y315			第四象限的孔		
G15 G49			极坐标结束，取消长度补偿		
G91G28 Z0 M05			提刀至换刀平面、主轴停		
T04 M06			换 ϕ10 麻花钻		
M03 S400					
G90 G0 G43 H04 Z10					
G0 G16 X42.5 Y45			建立刀具长度补偿，当前刀具不需 Z 向对刀		
G99 G81 Z−23 R5 F40			极坐标定位在第一象限孔心位置		
Y135			钻 ϕ10 孔，Z−23，非 Z−20		
Y225			钻第二象限 ϕ10 孔		
Y315			钻第三象限 ϕ10 孔		
G15 G49			钻第四象限 ϕ10 孔		
G91 G28 Z0 M05			极坐标结束，长度补偿结束		
T05 M06			换刀程序开始		
M03 S400			将 ϕ11.8 麻花钻换到主轴上		
G90 G43 H05 Z10					
G98 G81 X0 Y0 Z−24 R5 F40			对当前刀具建立长度补偿		
G80 G49			钻 ϕ12 孔的底孔		
G0 Z100			取消钻孔循环、取消长度补偿		
M05					
M30					

注意：

在数控铣仿真时，要先铣 $\phi70$ 的外圆，铣 $\phi70$ 外圆加工程序卡如表 5-20 所示。

表 5-20 铣 $\phi70$ 外圆加工程序卡

<table>
<tr><td>零件名称</td><td>槽轮</td><td>数控系统</td><td>FANUC 0i</td><td>编制日期</td><td></td></tr>
<tr><td>零件图号</td><td></td><td>程序号</td><td>O5005</td><td>编制</td><td></td></tr>
<tr><td colspan="3">程序</td><td colspan="3">程序说明</td></tr>
<tr><td colspan="3">O5001</td><td colspan="3"></td></tr>
<tr><td colspan="3">G54 G90 G40 G49 M03 S500 Z100</td><td colspan="3"></td></tr>
<tr><td colspan="3">X60 Y0</td><td colspan="3"></td></tr>
<tr><td colspan="3">Z5</td><td colspan="3"></td></tr>
<tr><td colspan="3">G01 Z−4 F100</td><td colspan="3"></td></tr>
<tr><td colspan="3">X46</td><td colspan="3">$\phi12$ 立铣刀铣整圆起始点</td></tr>
<tr><td colspan="3">G02 I−46</td><td colspan="3">走整圆去除余量</td></tr>
<tr><td colspan="3">G01 X41</td><td colspan="3">铣 $\phi70$ 外圆轮廓起始点，偏移一个半径值</td></tr>
<tr><td colspan="3">G02 I−41</td><td colspan="3">走整圆，铣 $\phi70$ 外圆轮廓</td></tr>
<tr><td colspan="3">G02 I−41 Z−8</td><td colspan="3">走 $\phi70$ 外圆，螺旋下刀至尺寸要求</td></tr>
<tr><td colspan="3">G02 I−41</td><td colspan="3">铣 $\phi70$ 外圆轮廓</td></tr>
<tr><td colspan="3">G01 X46</td><td colspan="3">移动到第 1 个整圆起始点</td></tr>
<tr><td colspan="3">G02 I−46</td><td colspan="3">走整圆去除余量</td></tr>
<tr><td colspan="3">G01 X60</td><td colspan="3"></td></tr>
<tr><td colspan="3">G0 Z100</td><td colspan="3"></td></tr>
<tr><td colspan="3">M05</td><td colspan="3"></td></tr>
<tr><td colspan="3">M30</td><td colspan="3"></td></tr>
</table>

3.4 试加工与调试

试加工与调试步骤如下。

(1) 开机，进入数控加工仿真系统；

(2) 回零；

(3) 工件装夹与找正，并进行对刀；

(4) 输入程序，并进行调试加工；

(5) 自动加工；

(6) 测量工件。

3.5　拓展训练任务

任务描述

按零件图纸要求分析零件的加工工艺，编程加工凸台、型腔及 4 个 $\phi10$ 的孔至尺寸要求。零件图如图 5-20 所示。

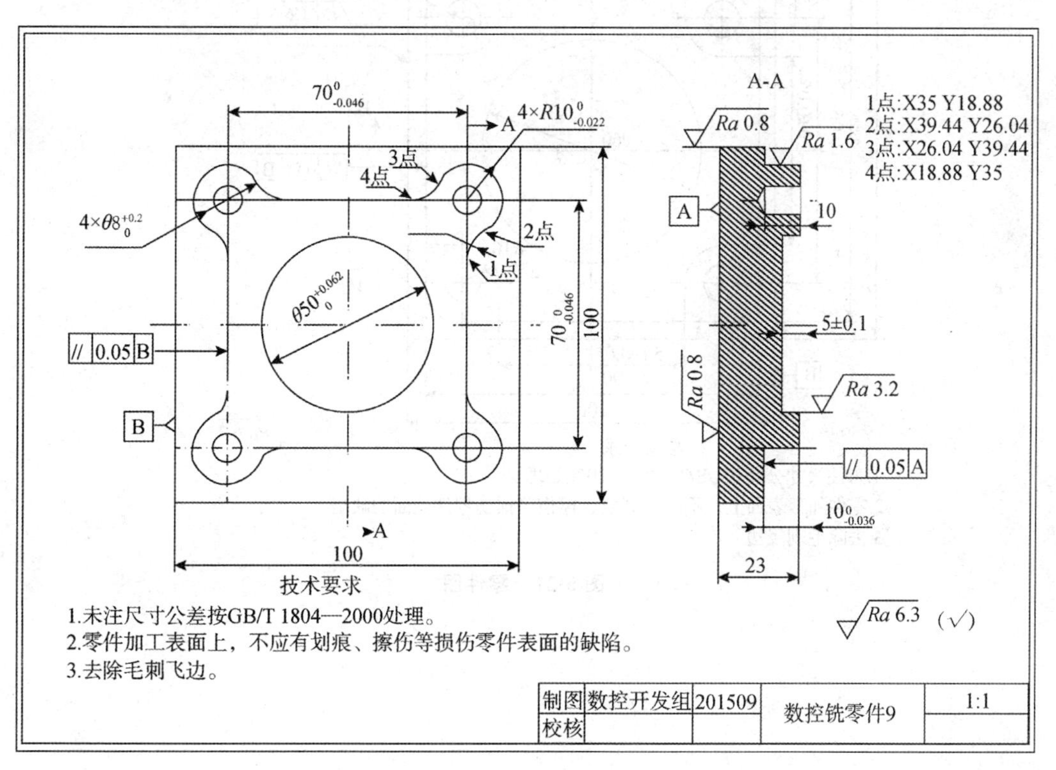

图 5-20　零件图

编程提示：

零件图中孔的深度尺寸标注为 10mm，在编程时要考虑钻头锥角头部形状的长度，Z 向距离要向下多移动 0.3D，即多移动 3mm。

凸台轮廓点 2 至点 3 圆弧段其圆心角大于 180°，编程时圆弧插补指令中 R 取负值。

任务描述

按零件图纸要求分析零件的加工工艺，编写零件的加工程序。零件图如图 5-21 所示。

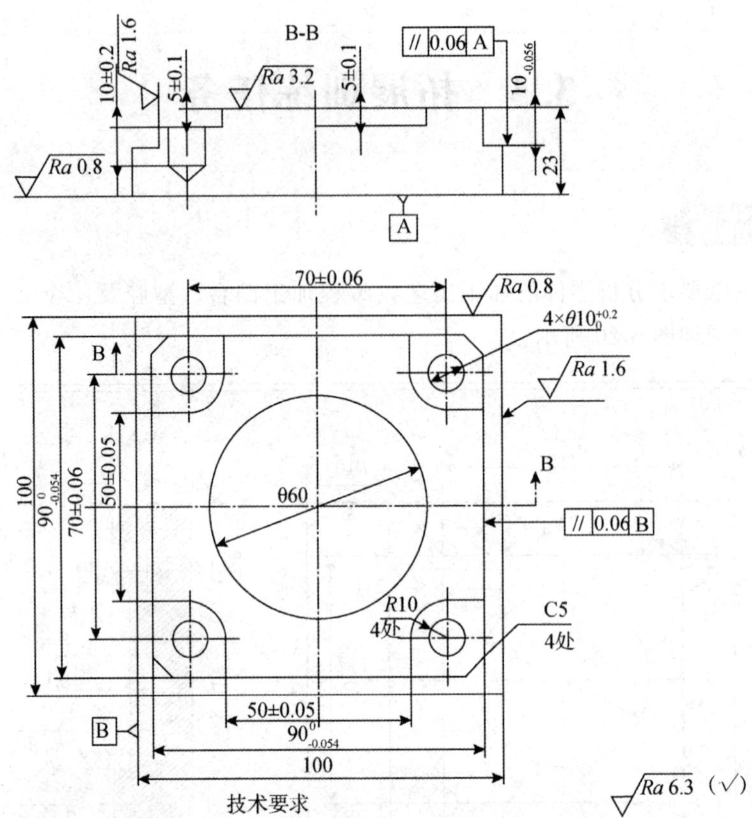

技术要求

1.未注尺寸公差按GB/T 1804—2000处理。

2.零件加工表面上，不应有划痕、擦伤等损伤零件表面的缺陷。

3.去除毛刺飞边。

图 5-21　零件图

项目4　凸轮槽零件的加工

任务描述

图5-22为平面凸轮槽零件图，按图纸要求合理安排加工工艺，选择合适的加工刀具及加工方法，编写零件的加工程序，完成零件的加工。毛坯为$\phi100\times35$的棒料毛坯，材料为45钢。

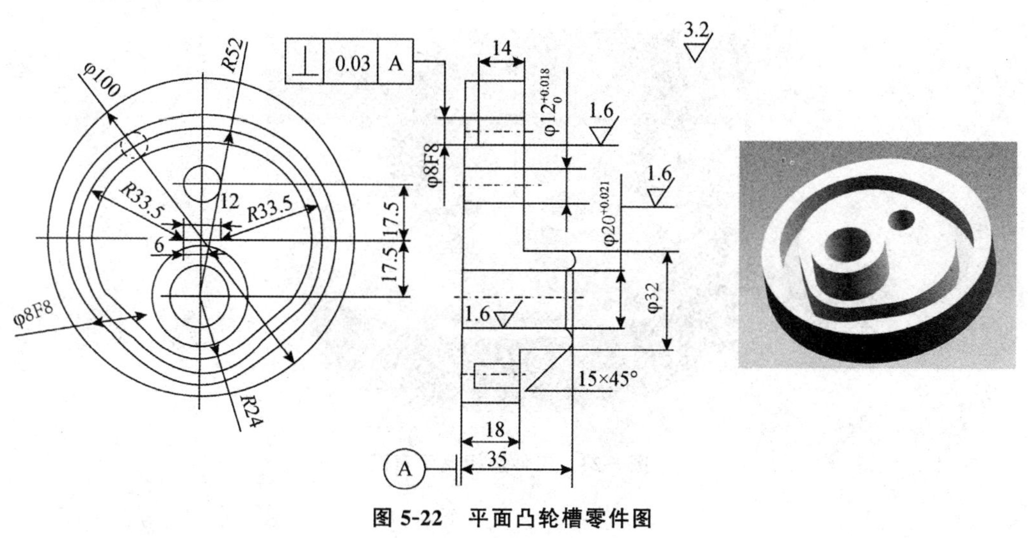

图5-22　平面凸轮槽零件图

4.1　项目任务分析

平面凸轮槽零件由$\phi32$圆柱凸台和$\phi20^{+0.021}_{0}$、$\phi12^{+0.018}_{0}$的孔及$\phi8F8$凸轮槽组成，两个孔的公差等级为IT7，槽的侧面、$\phi20^{+0.021}_{0}$及$\phi12^{+0.018}_{0}$两个孔的表面粗糙度要求较高，为$Ra1.6$，槽与底面有垂直度要求。

4.1.2 零件的加工方案

根据零件的结构及加工精度要求，选用棒料毛坯，$\phi100$ 外圆及两端面通过粗车和半精车完成，$\phi32$ 圆柱凸台和 $\phi8F8$ 槽通过粗铣和精铣加工完成，$\phi20^{+0.021}_{0}$ 及$\phi12^{+0.018}_{0}$ 两个孔要通过钻孔、粗铰和精铰加工来保证加工精度要求。

铣削加工中，加工刀具主要有铣圆柱凸台的 $\phi20$ 立铣刀，铣 $\phi8F8$ 槽的立铣刀，直径为 $\phi6$，两个孔加工的中心钻、麻花钻及铰刀。

铣削时先粗铣、精铣圆柱凸台，为保证 $\phi8F8$ 凸轮槽精度，两个孔的加工安排在槽加工之前。

4.2 项目任务编程分析

编程时工件坐标系设立在工件的中心，工件坐标系如图 5-23 所示。

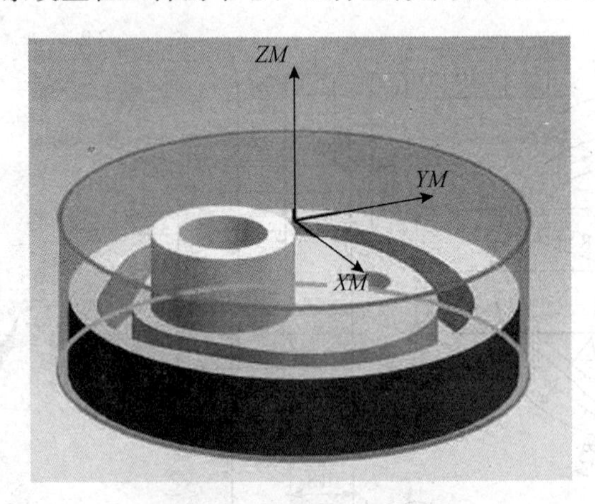

图 5-23 工件坐标系示意图

4.2.1 铣削 $\phi32$ 圆柱凸台的走刀路线

$\phi32$ 圆柱凸台与工件中心不同轴，铣削时余量不对称，铣削深度为 17mm，采用分层铣，粗铣时底面及侧面均留精铣余量 0.5mm。开粗深度 16.5mm，分 5 次下刀，每次下刀 3.3mm，采用 $\phi20$ 立铣刀铣削，通过作图得到每层铣走刀路线如图 5-24 所示。1＃以工件的中心为圆心来铣整圆，3＃走刀路线以 $\phi32$ 圆柱凸台中心为圆心来铣整圆，2＃走刀路线也是以工件的中心为圆心来铣上半圆，各圆的半径值根据图 5-24 来确定。铣 $\phi32$ 圆柱凸台按顺铣方式，采用顺时针走刀。

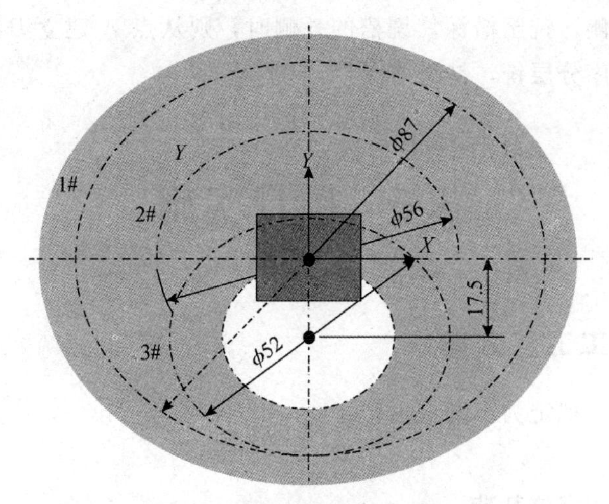

图 5-24　圆柱凸台开粗走刀路线

4.2.2　凸轮槽走刀路线图

凸轮槽槽深 14mm，采用分层铣，每层切深为 2mm。因槽的表面粗糙度要求高，走刀时采用顺铣方式，即槽的内侧按顺时针走刀，外侧按逆时针走刀。

槽的尺寸是以槽的中心线轨迹来标注的，如图 5-25 所示。采用 $\phi 6$ 的立铣刀来加工，按中心轨迹走刀，两侧的轮廓则只有将刀具从中心轨迹线向两侧各偏移 1mm 时才能切出 $\phi 8$ 尺寸的轮廓，编程加工时建立刀具半径补偿，补偿值在精加工时为 1mm，而粗加工时要考虑精加工的余量（留 0.4mm 精加工余量），半径补偿值为 0.6mm。

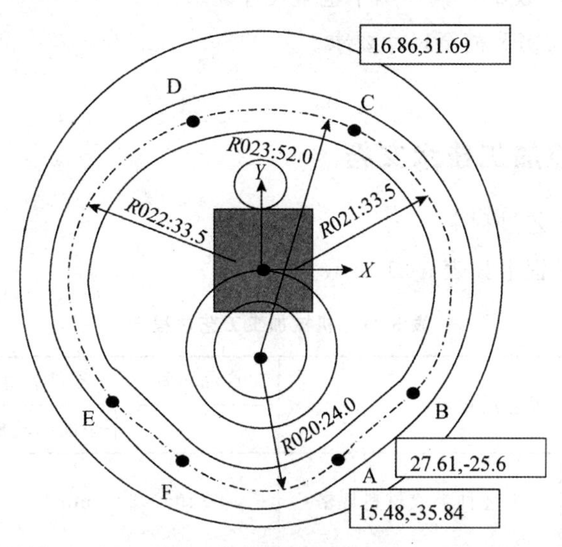

图 5-25　槽加工走刀路线

加工时采用坡走铣下刀方式，从点 B 坡走铣至点 A，每次下刀 2mm，往复铣至槽深 14mm。然后从点 B 建立刀补至点 A，刀补半径 0.6，采用子程序分层铣，按顺时针方向走刀铣槽的内侧，铣至槽深。铣槽的外侧时，则从点 A 建立刀补至点 B，按逆时针走刀，采用子程序分层铣，铣至槽深。

4.3 项目实施

4.3.1 零件加工工艺方案

确定生产类型：拟定为小批量生产。

拟订工艺路线

(1) 确定工件的定位基准。

以工件的端面和外圆为定位基准面。

(2) 拟定工艺路线

1) 按 ϕ105×38 (mm) 下料。

2) 先粗车毛坯一端，作夹持部位。

3) 粗车、半精车 ϕ100 外圆、平端面。

4) 调头夹 ϕ100 外圆，平端面，粗车、半精车 ϕ100 外圆，保证总长 35。

5) 检验。

6) 粗铣、精铣 ϕ32 圆柱凸台，保证尺寸。

7) 加工$\phi 20^{+0.021}_{0}$ 及$\phi 12^{+0.018}_{0}$ 两个也至尺寸要求。

8) 粗铣、精铣 ϕ8F8 槽至尺寸要求。

9) 检验。

4.3.2 编制数控加工技术文档

(1) 机械加工工艺过程卡

机械加工工艺过程卡如表 5-21 所示。

表 5-21 机械加工工艺过程卡

机械加工工艺过程卡			产品名称		零件名称	零件图号	
					平面凸轮槽		
材料名称及牌号	45 钢	毛坯种类或材料规格	ϕ105×38 (mm)			总工时	
工序号	工序名称	工序简要内容	设备名称及型号	夹具		量具	工时
10	下料	ϕ105×38	锯床			游标卡尺 钢尺	

续表

机械加工工艺过程卡			产品名称	零件名称	零件图号	
				平面凸轮槽		
材料名称及牌号	45 钢	毛坯种类或材料规格	ϕ105×38（mm）		总工时	
工序号	工序名称	工序简要内容	设备名称及型号	夹具	量具	工时
20	数车	平端面，粗车、半精车 ϕ100 外圆	数控车床	三爪卡盘	游标卡尺	
		调头夹 ϕ100 外圆，平端面，粗车、半精车 ϕ100 外圆保证总长 35				
30	检	按车削工序图纸尺寸检查			游标卡尺	
40	数铣	粗铣、精铣 ϕ32 圆柱凸台至尺寸要求	加工中心	三爪卡盘	游标卡尺 千分尺	
		钻$\phi20^{+0.021}_{0}$ 及$\phi12^{+0.018}_{0}$ 中心孔、底孔、粗铰、精铰$\phi20^{+0.021}_{0}$ 及$\phi12^{+0.018}_{0}$ 两个孔				
		粗铣、精铣 ϕ8F8 槽至尺寸要求				
50	检	按图纸要求检测尺寸			游标卡尺 千分尺	
编制		审核		批准	共　页	第　页

（2）数控加工工序卡

数控加工工序卡如表 5-22 所示。

表 5-22　数控加工工序卡

数控铣加工工序卡								产品名称		零件名称	零件图号
										平面凸轮槽	
工序号	40	程序编号	O5201～O5204	材料	45 钢	数量	5	夹具名称	三爪卡盘	加工设备	数控铣床
工步号	工步内容			切削用量					刀具		量具
				V_C (m/min)		n (r/min)	f (mm/min)	a_p (mm)	编号	名称	名称
1	粗铣 ϕ32 圆柱凸台，留精铣余量 0.5mm			20		300	100	2	T1	ϕ20 立铣刀	游标卡尺

续表

数控铣加工工序卡							产品名称		零件名称	零件图号	
									平面凸轮槽		
工序号	40	程序编号	O5201～O5204	材料	45 钢	数量	5	夹具名称	三爪卡盘	加工设备	数控铣床
工步号	工步内容			切削用量				刀具			量具
				V_C (m/min)	n (r/min)	f (mm/min)	a_p (mm)	编号	名称		名称
2	精铣 ϕ32 圆柱凸台铣至尺寸要求			30	500	80	10	T2	ϕ20 立铣刀		游标卡尺
3	钻 2 处中心孔			10	1000	100	1.5	T3	ϕ3 中心钻		游标卡尺
4	钻 ϕ20 孔的底孔 ϕ19.4			12	200	40	5	T4	ϕ19 麻花钻		游标卡尺
5	钻 ϕ12 底孔 ϕ11.4			12	400	40	5	T6	ϕ11 麻花钻		游标卡尺
6	粗铰、精铰 ϕ12 孔			3	100	45	0.2/0.1	T8/T9	ϕ12 铰刀		内径百分表
7	粗铰、精铰 ϕ20 孔			5	80	40	0.2/0.1	T9/T10	ϕ20 铰刀		内径百分表
8	检验										游标卡尺 内径百分表
编制				审核		批准			共 页		第 页

4.3.3 数控铣加工程序

(1) 铣 ϕ32 圆柱凸台开粗加工程序如表 5-23 所示，开粗时留精加工余量 0.5mm。

表 5-23 铣 ϕ32 圆柱凸台开粗加工程序卡

零件名称	平面凸轮槽	数控系统	FANUC 0i	编制日期	
零件图号		程序号	O5201、O5202	编制	
主程序			程序说明		
O5201					
G54 G90 G40 G49 M03 S300 Z100					
X−65 Y0			ϕ100 外圆已加工完，定位在外圆外		
Z5			快速下刀工件表面上方		
G01Z0 F100			工进速度下至工件表面		
M98 P055202			调用子程序，每次切深 3.3mm 铣圆柱凸台余量		
G0 Z100			加工完毕抬刀		
M05					
M30					

续表

零件名称	平面凸轮槽	数控系统	FANUC 0i	编制日期	
圆柱凸台去余量分层铣子程序			对应图 24		
O5202 G91 G01 Z－3.3 F100 G90 X－43.5 G02 I43.5 G01 X－26 Y－17.5 G02 I26 G01 X－28 Y0 G02X28 R28 N500G01 Y10 N600X－65 N700 G0 Y0 M99			子程序号 相对坐标方式下刀，在原深度再下刀 3.3mm 移动至 1＃走刀路线起始点 铣 1＃整圆 直线插补移动至 3＃走刀路线起始点 顺铣方式铣 3＃整圆 直线插补移动至 2＃走刀路线起始点 铣 2＃半圆 退出 回到起始点 子程序结束指令		

表 5-23 的子程序中因为采用相对坐标下刀，铣完 2＃半圆时若提刀回到 1＃走刀路线（－65，0）起始点的话，则铣完一层无法实现再次下刀，因此增加了 N500、N600、N700 三个程序段，使刀具回到起始点（－65，0）。但如果下刀深度采用宏程序变量，则程序就可以优化。程序如表 5-24 所示。

表 5-24　采用宏变量的粗铣圆柱凸台加工程序卡

零件名称	平面凸轮槽	数控系统	FANUC 0i	编制日期	
零件图号		程序号	O5203	编制	
程序			程序说明		
O5201 G54 G90 G40 G49 M03 S300 Z100 X－65 Y0 Z5 ＃1＝3.3 N90G01 Z－＃1 F100 X－43.5 G02 I43.5 G01 X－26 Y－17.5 G02 I26 G01 X－28 Y0 G02X28 R28 G0 Z2 X－65 Y0 ＃1＝＃1＋3.3 IF ［＃1LE16.5］GOTO90 G0 Z100 M05 M30			 ϕ100 外圆已加工完，定位在外圆外 快速下刀工件表面上方 ＃1 为 Z 向下刀深度变量，变量赋值，每次切深 3.3mm 工进速度下刀 移动至 1＃走刀路线起始点 铣 1＃整圆 直线插补移动至 3＃走刀路线起始点 顺铣方式铣 3＃整圆 直线插补移动至 2＃走刀路线起始点 铣 2＃半圆 抬刀 回到起始点 变量重新赋值，累加计算 IF 条件语句，当铣深未达到 16.5mm 深时回到 N90 程序段循环执行，当铣削达到深度值执行下一个程序段 提刀		

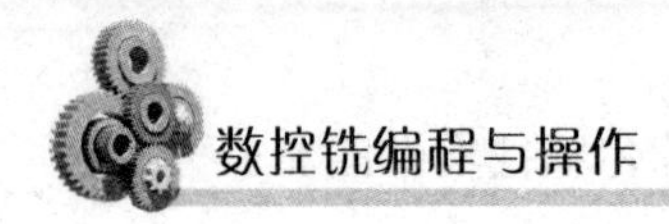

（2）铣凸轮槽的加工程序

铣凸轮槽的加工程序分三个部分，程序如表 5-25 所示。请参照图 5-25 槽加工走刀路线图。

表 5-25　粗铣凸轮槽的加工程序卡

零件名称	平面凸轮槽	数控系统	FANUC 0i	编制日期	
零件图号		程序号	O5204～O5207	编制	

主程序	程序说明
O5204 G54 G90 G40 G49 M03 S300 Z100 X27.61 Y－25.6 Z5 G01Z0 F100 M98 P075205 G90 G0 Z0 M98 P075206 G90 Z0 G40 X15.48 Y－35.84 M98 P075207 G0 Z100 M05 M30	 定位到点 B 快速下刀工件表面上方 工进速度下至工件表面 调用子程序，每次切深 2mm 坡走铣下刀 加工完毕抬刀
坡走铣下刀子程序	对应图 5-25
O5205 G91 X－12.13 Y－10.24 Z－2 F100 X12.13 Y10.24 M99	子程序号 点 B 到点 A 相对坐标方式编程，坡走铣下刀 2mm 点 A 到点 B 返回 子程序结束指令
槽内侧分层铣子程序	对应图 5-25
O5026 G91 G01 Z－2 F100 G90 G42 X15.48 Y－35.84 D01 G02 X－15.48 Y－35.84 R24 G01 X－27.61 Y－25.6 G02 X－16.86 Y31.69 R33.5 G02 X16.86 Y31.69 R52 G02 X27.6 Y－25.6 R33.5 G01X15.48 Y－35.84 G40 X27.61 Y－25.6 M99	 相对坐标方式下刀 从点 B 建立刀补至点 A，往槽的内侧偏移，D=0.6 顺时针走刀至点 F 点 E 点 D 点 C 点 B 点 A 取消刀补 回到起始点 B

续表

零件名称	平面凸轮槽	数控系统	FANUC 0i	编制日期	
槽外侧分层铣子程序			对应图 5-25		
O5027 G91 G01 Z-2 F100 G90 G42 X27.61 Y-25.6 D01 G03 X16.86 Y31.69 R33.5 G03 X-16.86 Y31.69 R52 G03 X-27.61 Y-25.6 R33.5 G01 X-15.48 Y-35.84 G03 X15.48 Y-35.84 R24 G01 X27.61 Y-25.6 G40 X15.48 Y-35.84 M99			 相对坐标方式下刀 从点 A 建立刀补至点 B，往槽的内侧偏移，D=0.6 逆时针走刀至点 C 点 D 点 E 点 F 点 A 点 B 取消刀补 回到起始点 B 		

另外，两个孔的加工程序可以参照项目任务 1 槽轮零件中的孔的加工程序，铰孔时仅将进给速度和转速替换成合适的参数。$\phi32$ 圆柱凸台及 $\phi20$ 孔的倒角采用专用倒角倒角铣刀来加工。

4.3.4　试加工与调试

试加工与调试步骤如下。

（1）开机，进入数控加工仿真系统；

（2）回零；

（3）工件装夹与找正，并进行对刀；

（4）输入程序，并进行调试加工；

（5）自动加工；

（6）测量工件。

4.4　拓展训练任务

任务描述

按零件图纸要求分析零件的加工工艺，编程加工凸台、圆环槽及 4 个 $\phi10$ 的孔至尺寸要求。零件图如图 5-26 所示。

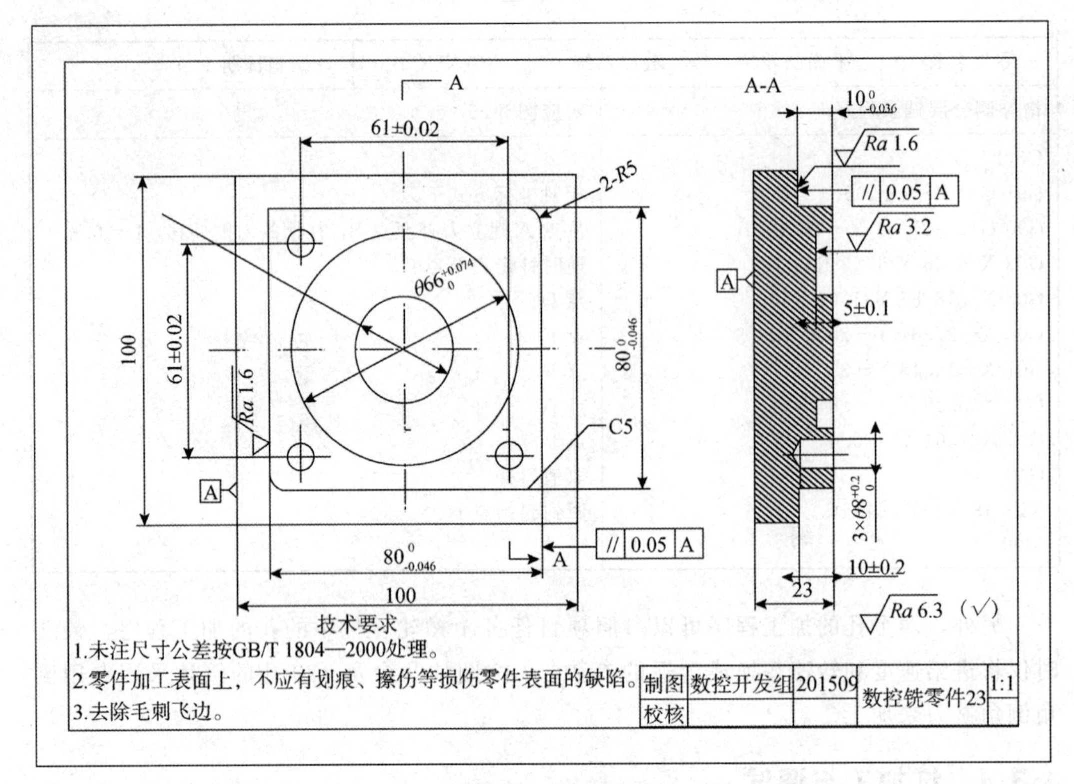

图 5-26 零件图

编程提示：

零件图中孔的深度尺寸标注为 10mm，在编程时要考虑钻头锥角头部形状的长度，Z 向距离要向下多移动 0.3D，即多移动 3mm。

编写圆环槽的程序时可以不用刀补，直接在槽的轮廓偏移刀具的半径值来编程。为提高零件加工的表面质量，采用顺铣方式，圆环槽中 $\phi 30$ 轮廓按顺时针走刀，而 $\phi 66$ 轮廓则按逆时针走刀。

项目5 用户宏程序应用2

任务描述

按零件图纸要求加工，毛坯为100×80×30（mm），材料为45钢。根据零件图分析零件的加工工艺，编写零件的加工程序。零件图如图5-27所示。

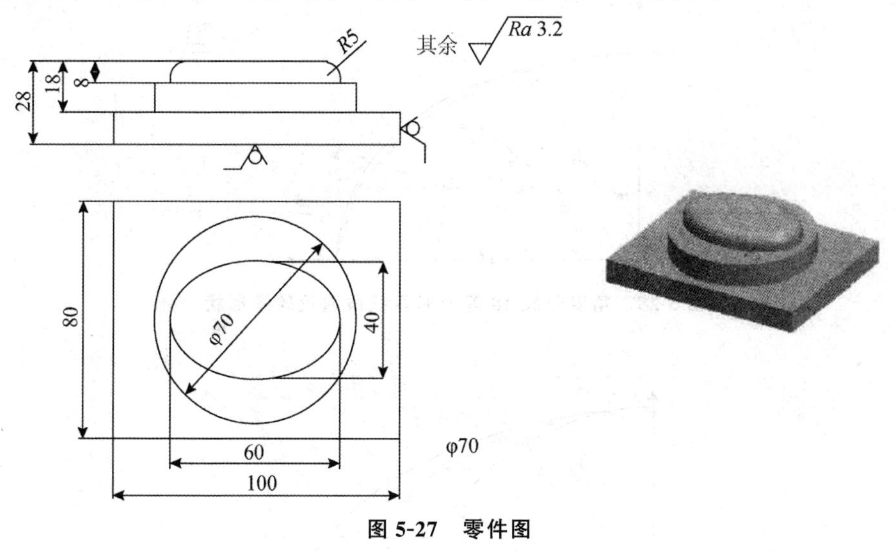

图5-27 零件图

5.1 项目任务分析

如图5-26所示的零件需要加工圆柱凸台和椭圆凸台及零件上表面，加工时先加工ϕ70圆柱凸台，高度为20mm；再铣椭圆凸台，其长半轴为30mm，短半轴为20mm，高度为10mm；之后铣上表面，铣深2mm；最后加工椭圆圆角R5。

因零件加工表面的粗糙度值要求为Ra3.2，加工时分两次完成，先粗加工后精加工。

零件结构中有椭圆轮廓，椭圆轮廓为非圆轮廓，在应用插补指令加工轮廓时没有直接走椭圆的插补指令，而只有直线插补指令 G01 和圆弧插补指令 G02/G03，因而在加工椭圆轮廓时需采用 n 条直线段来逼近待加工非圆轮廓，从而可以采用直线插补指令来编制椭圆轮廓的加工程序，但编程时需要计算各个逼近直线段的节点坐标。

5.2 椭圆轮廓的编程分析

5.2.1 直线段逼近椭圆轮廓分析

按等分角或在长轴上按等分线段将椭圆轮廓分成 n 段椭圆弧，将每段椭圆弧用直线连接起来，就得到了直线段逼近椭圆轮廓的图形，如图 5-28～图 5-29 所示。

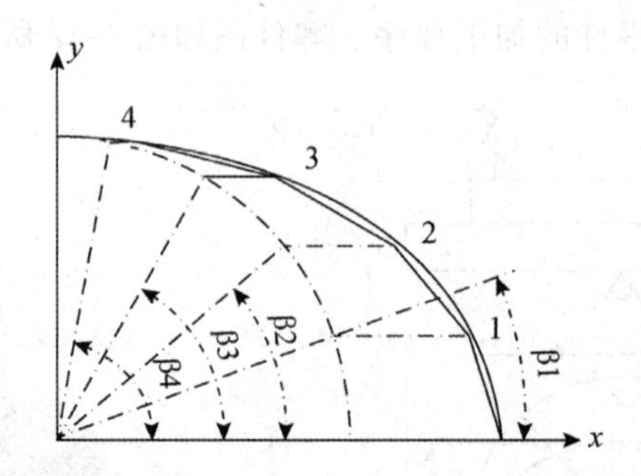

图 5-28 角度分成 18 等分时直线段逼近轮廓形状

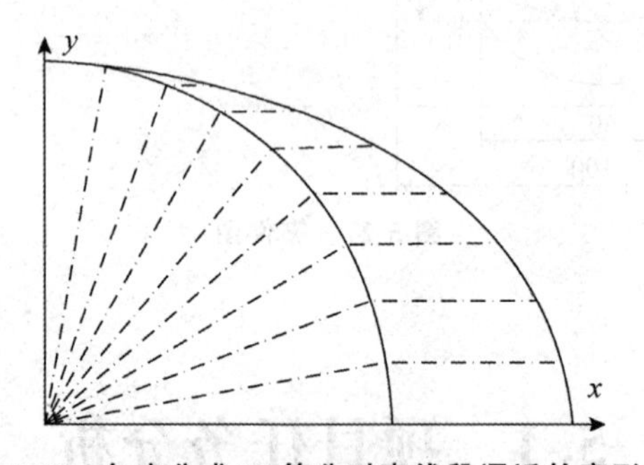

图 5-29 角度分成 36 等分时直线段逼近轮廓形状

从图 5-28 和图 5-29 可以看出，等分数越大时，直线逼近椭圆轮廓形状越逼真，加工出来的椭圆轮廓形状精度越高。但等分数越大，计算直线段的节点数越多，因此在满足加工精度的前提下，选取合适的等分数是必要的。

5.2.2 直线段终点坐标计算

直线段终点为椭圆上的点，根据椭圆的参数方程来计算各个终点的坐标。参数方程公式：

$$x = a\cos\beta$$

$$y = b\sin\beta$$

其中：a 为 x 轴方向上的椭圆半轴；b 为 y 轴方向上的椭圆半轴；β 为角度。

对于图 5-2-2 中等分角为 20°时，图中点 1 的坐标为：

$$x_1 = 30\cos20°，y_1 = 20\sin20°；$$

图中点 2 的坐标为：

$$x_2 = 30\cos40°，y_2 = 20\sin40°；$$

依次类推，各点坐标计算时角度成倍数关系，是在前一个角度基础上再加上一个等分角，每计算一个点的坐标，角度变化一次，因此需要采用宏变量来简化编程。利用宏程序编程时，根据计算公式来设定变量，变量表如表 5-26 所示。

表 5-26　宏程序变量表

序号	变量	变量的应用
1	＃1	长半轴 a
2	＃2	短半轴 b
3	＃20	角度 β
4	＃24	点的 X 坐标
5	＃25	点的 Y 坐标

计算公式与变量的关系如图 5-30 所示。

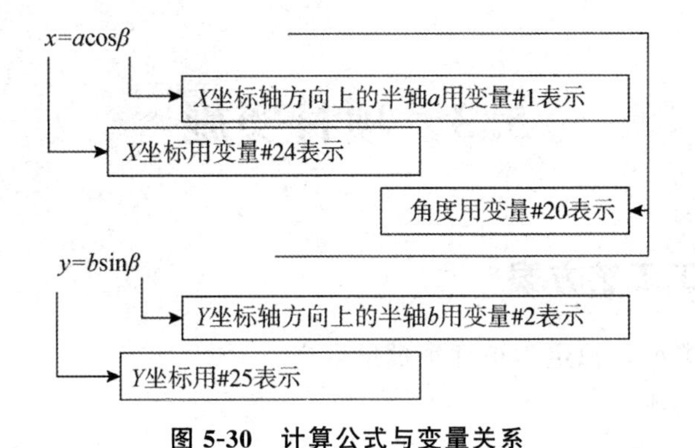

图 5-30　计算公式与变量关系

根据图 5-29，逼近直线段终点坐标的 X 表达式为：

＃24＝＃1 * cos［＃20］

Y 的表达式为：

＃25＝＃2 * sin［＃20］

对应椭圆上点 1、点 2、点 3 等分点的坐标随角度 β 变化而变化，计算一个点后角度变量要累积计算一次，因为变量的值能存储引用，所以角度变量 ＃20 表达式为：

＃20＝＃20＋0.5

式中0.5为等分角度值，式中右边的＃20为上一个计算点的角度值，已存储在对应的地址中，式中左边的＃20为当前点的角度值。比如＃20起始赋值为：＃20＝0，则各点与角度变量＃20表达式对应关系如表5-27所示。

表5-27 当前点角度与角度变量对应关系

线段点	等分角为0.5°，变量表达式＃20＝＃20＋0.5	当前点角度值（°）
起始点	＃20＝0	0
点1	＃20＝0＋0.5	0.5
点2	＃20＝0.5＋0.5	1
点3	＃20＝1＋0.5	1.5
点4	＃20＝1.5＋0.5	2
……	……	……

5.2.3 直线插补指令的应用

当用直线段来逼近椭圆轮廓时，直线段终点的 *X* 坐标变量＃24和 *Y* 坐标变量＃25计算完成后，就可以对宏变量进行引用：

G01 X＃24 Y＃25 F80

每计算椭圆上的一个节点坐标变量，引用一次，直到角度变量累积计算到360°。

5.3 项目实施

5.3.1 零件加工工艺方案

（1）确定生产类型，拟定为单件小批量生产。

（2）拟订工艺路线

①确定工件的定位基准。

以工件的底面和两侧面为定位基准面。

②拟定工艺路线

- 按105×85×30（mm）下料。
- 在普通铣床上铣削6个面，保证100×80×28（mm）尺寸，去毛刺。
- 在加工中心或数控铣床上粗铣、精铣凸台，铣至尺寸。
- 去毛刺。
- 检验。

5.3.2　编制数控加工技术文档

（1）机械加工工艺过程卡

机械加工工艺过程卡如表 5-28 所示。

表 5-28　机械加工工艺过程卡

<table>
<tr><td colspan="3" rowspan="2">机械加工工艺过程卡</td><td>产品名称</td><td>零件名称</td><td colspan="2">零件图号</td></tr>
<tr><td></td><td></td><td colspan="2"></td></tr>
<tr><td>材料名称及牌号</td><td>45 钢</td><td>毛坯种类或材料规格</td><td colspan="2">105×85×30（mm）</td><td>总工时</td><td></td></tr>
<tr><td>工序号</td><td>工序名称</td><td>工序简要内容</td><td>设备名称及型号</td><td>夹具</td><td>量具</td><td>工时</td></tr>
<tr><td>10</td><td>下料</td><td>105×85×30</td><td>切割机</td><td></td><td>钢尺</td><td></td></tr>
<tr><td>20</td><td>铣面</td><td>粗、精铣 5 个面，铣至尺寸 100×80×30</td><td>普通铣床</td><td>平口钳</td><td>游标卡尺</td><td></td></tr>
<tr><td rowspan="2">30</td><td rowspan="2">数铣</td><td>粗铣圆柱凸台轮廓、椭圆凸台轮廓，留精铣余量；</td><td rowspan="2">数控铣床</td><td rowspan="2">平口钳</td><td rowspan="2">游标卡尺
千分尺</td><td></td></tr>
<tr><td>精铣圆柱凸台轮廓、椭圆凸台轮廓至尺寸要求。</td><td></td></tr>
<tr><td>40</td><td>检</td><td>按图纸要求检测尺寸</td><td></td><td></td><td>游标卡尺
千分尺</td><td></td></tr>
<tr><td>编制</td><td></td><td>审核</td><td>批准</td><td></td><td>共　页</td><td>第　页</td></tr>
</table>

（2）数控加工工序卡

数控加工工序卡如表 5-29 所示。

表 5-29　数控加工工序卡

<table>
<tr><td colspan="7" rowspan="2">数控加工工序卡</td><td colspan="2">产品名称</td><td>零件名称</td><td colspan="2">零件图号</td></tr>
<tr><td colspan="2"></td><td></td><td colspan="2"></td></tr>
<tr><td>工序号</td><td>30</td><td>程序编号</td><td>O5420～O5422</td><td>材料</td><td>45 钢</td><td>数量</td><td>5</td><td>夹具名称</td><td>平口钳</td><td>加工设备</td><td></td></tr>
<tr><td rowspan="2">工步号</td><td colspan="3" rowspan="2">工步内容</td><td colspan="5">切削用量</td><td colspan="2">刀具</td><td>量具</td></tr>
<tr><td colspan="2">V_C (m/min)</td><td>n (r/min)</td><td>f (mm/min)</td><td>a_p (mm)</td><td>编号</td><td>名称</td><td>名称</td></tr>
<tr><td>1</td><td colspan="3">粗铣圆柱凸台轮廓、椭圆凸台轮廓，留精铣余量 0.5mm</td><td colspan="2">20</td><td>350</td><td>60</td><td>2</td><td>T1</td><td>ϕ20 立铣刀</td><td>游标卡尺</td></tr>
<tr><td>2</td><td colspan="3">精铣圆柱凸台轮廓、椭圆凸台轮廓，铣至尺寸</td><td colspan="2">30</td><td>500</td><td>80</td><td>8</td><td>T2</td><td>ϕ20 立铣刀</td><td>游标卡尺</td></tr>
</table>

续表

数控加工工序卡	产品名称	零件名称	零件图号

工序号	30	程序编号	O5420～O5422	材料	45钢	数量	5	夹具名称	平口钳	加工设备	

工步号	工步内容	切削用量				刀具		量具
		V_C (m/min)	n (r/min)	f (mm/min)	a_p (mm)	编号	名称	名称
5	铣上表面	20	350	80	2	T1	ϕ20立铣刀	游标卡尺
6	铣椭圆凸台R5圆角	20	30	45	0.2	T2	ϕ20立铣刀	游标卡尺
编制		审核		批准			共　页	第　页

5.3.3 数控加工程序

(1) 采用宏变量编程，圆柱凸台轮廓开粗程序

圆柱凸台轮廓开粗加工程序如表5-30所示。

表5-30 圆柱凸台轮廓开粗加工程序卡

零件名称		数控系统	FANUC 0i	程序号	
零件图号		程序号	O5420	编制	

主程序（IF转移语句）	程序说明
O5420	（切深变量设为＃1）
G54 G90 G40G49 G0 Z50	
M03 S500 M08	
G0 X－65 Y0	定位在轮廓外
Z5	快速下刀工件表面上方
＃1＝2	给分层铣切深变量赋值，每次下刀深2mm
N50G1 Z－＃1 F100	标记顺序号，工进速度下刀，Z地址引用切深变量
G41 X－35 Y0 D01	建立刀补从轮廓中点切入
G02 I35	顺铣方式，顺时针走刀铣圆柱轮廓
G01 Y10	越过轮廓线中点
X－65	退出
G40 Y0	取消刀补，回到刀具定位起始点
＃1＝＃1＋2	切深变量累加计算，在原来值的基础上再加上2mm
IF ［＃1LE20］ GOTO50	条件控制语句，当切深小于等于20mm时，转移到顺序号为50的程序段执行
G0 Z100	
M05 M09	
M30	

（2）椭圆凸台开粗加工程序如表 5-31 所示。

表 5-31　椭圆凸台开粗加工程序卡

<table>
<tr><td>零件名称</td><td></td><td>数控系统</td><td>FANUC 0i</td><td>编制日期</td><td></td></tr>
<tr><td>零件图号</td><td></td><td>程序号</td><td>O5421</td><td>编制</td><td></td></tr>
<tr><td colspan="3">主程序</td><td colspan="3">程序说明</td></tr>
<tr><td colspan="3">O5421</td><td colspan="3"></td></tr>
<tr><td colspan="3">G54 G00 G90 G17 G40G49 G80</td><td colspan="3"></td></tr>
<tr><td colspan="3">M03 S600</td><td colspan="3"></td></tr>
<tr><td colspan="3">Z50</td><td colspan="3"></td></tr>
<tr><td colspan="3">X65 Y－50</td><td colspan="3">ϕ20 立铣刀，定位在工件轮廓外</td></tr>
<tr><td colspan="3">G0 Z5 M08</td><td colspan="3">快速下刀工件表面上方</td></tr>
<tr><td colspan="3">＃1＝30</td><td colspan="3">椭圆长半轴变量赋值</td></tr>
<tr><td colspan="3">＃2＝20</td><td colspan="3">椭圆短半轴变量赋值</td></tr>
<tr><td colspan="3">＃3＝2</td><td colspan="3">分层铣切削深度变量</td></tr>
<tr><td colspan="3">N40 G01 Z－＃3 F60</td><td colspan="3">Z 向下刀</td></tr>
<tr><td colspan="3">G42 G01 X30 D01</td><td colspan="3">建立刀补</td></tr>
<tr><td colspan="3">Y0</td><td colspan="3"></td></tr>
<tr><td colspan="3">＃20＝0.5</td><td colspan="3">角度变量赋值</td></tr>
<tr><td colspan="3">WHILE [＃20LE360] D02</td><td colspan="3">＃20 变量不大于 360 时，循环执行 DO～END 之间程</td></tr>
<tr><td colspan="3">＃24＝＃1＊COS [＃20]</td><td colspan="3">序段。</td></tr>
<tr><td colspan="3">＃25＝＃2＊SIN [＃20]</td><td colspan="3">椭圆上插补点的 X 坐标计算</td></tr>
<tr><td colspan="3">G01 X＃24 Y＃25</td><td colspan="3">椭圆上插补点的 Y 坐标计算</td></tr>
<tr><td colspan="3">＃20＝＃20＋0.5</td><td colspan="3">直线插补，引用变量。</td></tr>
<tr><td colspan="3">END 2</td><td colspan="3">对角度变量重新赋值，进行累积计算</td></tr>
<tr><td colspan="3">Y20</td><td colspan="3"></td></tr>
<tr><td colspan="3">X65</td><td colspan="3">切线方向铣出</td></tr>
<tr><td colspan="3">G40 Y－50</td><td colspan="3">移到到轮廓外</td></tr>
<tr><td colspan="3">＃3＝＃3＋2</td><td colspan="3">回到起始点并取消刀补，为下一层切削作准备</td></tr>
<tr><td colspan="3">IF [＃3LE10] GOTO40</td><td colspan="3">对切深变量重新赋值</td></tr>
<tr><td colspan="3">G00 Z100 M09</td><td colspan="3">当深度变量不大于 10 时，回到顺序号为 40 程序段</td></tr>
<tr><td colspan="3">M05</td><td colspan="3">执行</td></tr>
<tr><td colspan="3">M30</td><td colspan="3">大于 10 时，抬刀，铣削结束</td></tr>
</table>

（3）椭圆凸台倒 $R5$ 圆角

倒 $R5$ 圆角，采用 ϕ20 立铣刀等高铣开粗，如图 5-31 所示。刀具每下刀一次，椭圆的长、短半轴变化一次，变量设置如图 5-32～图 5-33 所示。

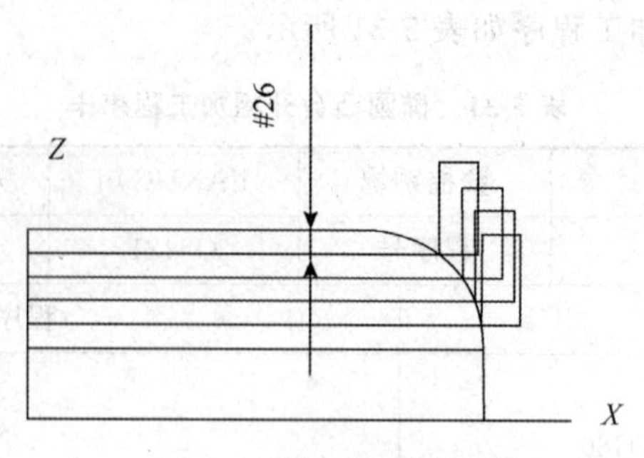

图 5-31　等高铣开粗示意

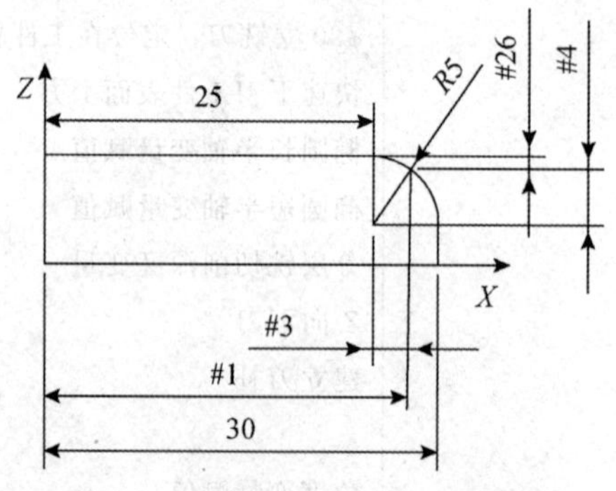

图 5-32　长半轴变量与圆角变量关系

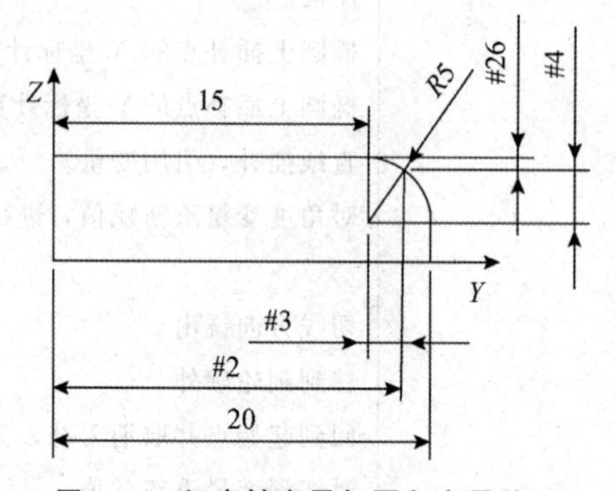

图 5-33　短半轴变量与圆角变量关系

从图 5-32～图 5-33 可知，＃3 为切削点所在半径的水平分量，＃4 为切削点所在半径的垂直分量，＃26 为倒圆角每次的下刀深度，则有关系表达式：

＃4＝5－＃26

＃3＝$\sqrt{5^2-(\#4)^2}$

＃1＝25＋＃3

＃2＝15＋＃3

倒圆角加工程序卡如表 5-32 所示。

表 5-32　倒圆角加工程序卡

零件名称		数控系统	FANUC 0i	编制日期	
零件图号		程序号	O5422	编制	

主程序	程序说明
O5422	
G54 G90 G40G49 G80 G0 Z50	
M03 S500 M08	
X60 Y－60	
Z5	
＃26＝0	
N110 ＃4＝5－＃26	
＃3＝SQRT [5 * 5－＃4 * ＃4]	
G01 Z－＃26 F100	
＃1＝25＋＃3	
G42 G01 X50 D01	
X40	
G01 X＃1 F50	
Y0	
＃20＝0	
＃2＝15＋＃3	
N70 ＃24＝＃1 * COS [＃20]	
＃25＝＃2 * SIN [＃20]	
G01 X＃24 Y＃25	
＃20＝＃20＋0.5	
IF [＃20LE360] GOTO70	
＃26＝＃26＋0.2	
G40 G01 X40	
Y－40	
IF [＃26LE5] GOTO110	
Y40	
X60	
Z100	
M05 M09	
M30	

5.3.4 试加工与调试

试加工与调试步骤如下。

(1) 开机，进入数控加工仿真系统；

(2) 回零；

(3) 工件装夹与找正，并进行对刀；

(4) 输入程序，并进行调试加工；

(5) 自动加工；

(6) 测量工件。

5.4 拓展训练任务

任务描述

图 5-34 为两个对称的半边椭圆凸台零件图，椭圆长半轴为 50mm，短半轴为 30mm，根据零件图对零件进行加工工艺分析，编写零件的加工程序。

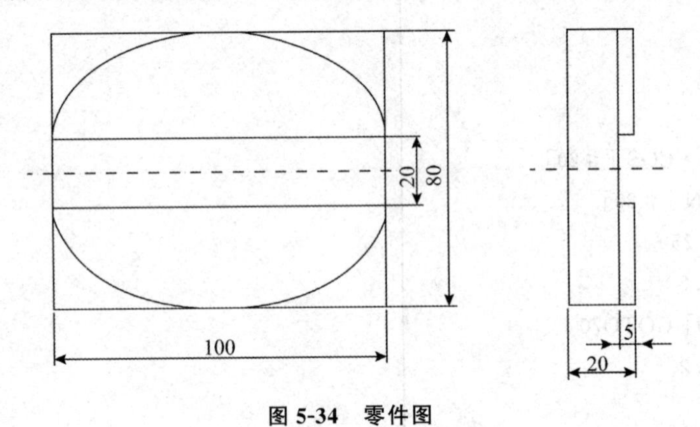

图 5-34 零件图

附　录

附件一　数控铣床操作安全知识

1. 操作机床时操作者应穿戴好各种劳保用品，以确保工作安全。

2. 开机前，操作人员应熟悉所用数控铣床的组成、结构及其使用环境，要检查数控机床各部分是否完好。要严格按机床操作手册的要求正确操作，尽量避免因操作不当而引起故障。

3. 开机后让机床空运转 15min 以上，以使机床达到热平衡状态。

4. 检查压缩空气开关是否已经打开并达到所需的压力；切削液是否充裕。

5. 按顺序开机、关机。先开机床再开数控系统，先关数控系统再关机床。

6. 手动返回参考点。首先返回 $+Z$ 方向，然后返回 $+X$ 和 $+Y$ 方向；返回参考点后应及时退出参考点，先退 $-X$ 和 $-Y$ 方向，然后退 $-Z$ 方向。

7. 手动操作时，在 X、Y 轴移动前，必须使 Z 轴处于较高位置，以免撞刀。移动时注意观察刀具移动是否正常。

8. 正确对刀，确定工件坐标系，并核对数据。

9. 试切进刀时，进给倍率开关必须打到低档，并在单段模式下运行，验证 Z 轴坐标位置与 X、Y 坐标位置与加工程序数据是否一致。

10. 在自动运行程序前，必须认真检查程序，确保程序的正确性；在工作台上严禁放置任何与加工无关的物件，如：平口钳扳手、量具、毛刷、木锤等。

11. 在操作过程中必须集中注意力，谨慎操作，运行前关闭防护门。运行过程中，一旦发现问题，及时按下紧急停止按钮。数控系统出现报警时，要根据报警号，查找原因，及时排除警报。

12. 在操作时，旁观的同学禁止按控制面板上的任何按钮、旋钮，以免发生意外及事故。

13. 手动连续进给操作时，先检查手动进给倍率开关位置是否正确，确定正负方向，然后再进行操作。

14. 严禁任意修改、删除机床参数。

15. 加工完毕后，将 X、Y 轴移动到行程的中间位置，将主轴速度、进给速度倍率开关调至低档，防止因误操作而使机床产生错误动作。

16. 关闭数控机床前，应使刀具处于较高位置；使用毛刷、长柄棕刷等把工作台上的切屑杂物刷下。对细小的切屑可采用切削液冲洗，严禁用压缩空气进行清理，以防油污、切屑、灰尘或砂粒从细缝侵入精密轴承或堆积在导轨上面。

17. 关机时，先按下控制面板上的“OFF”按钮，然后关闭电气总开关。

附件二 内孔表面加工方法的选择

内孔表面加工方法较多，常用的有钻孔、扩孔、铰孔、镗孔、磨孔、拉孔、研磨孔、珩磨孔、滚压孔等。但要达到孔表面的设计要求，一般只用一种加工方法是达不到的，而是往往要由几种加工方法顺序组合，即选用合理的加工方案。选择加工方案时应考虑零件的加工要求、结构形状、尺寸大小、材料和热处理要求以及生产条件等。

内圆表面（孔）常用加工方法，如表1所示。

表1 内圆表面（孔）常用加工方法

序号	加工方案	公差等级	表面粗糙度 Ra（μm）	适用范围
1	钻	IT13～IT11	12.5	用于加工除淬火钢以外的各种金属的实心工件
2	钻—铰	IT9	3.2～1.6	用于加工除淬火钢以外的各种金属的实心工件，但孔径 D<20mm
3	钻—扩—铰	IT9～IT8	3.2～1.6	用于加工除淬火钢以外的各种金属的实心工作，但孔径为10～80
4	钻—扩—粗铰—精铰	IT7	1.6～0.4	
5	钻—拉	IT9～IT7	1.6～0.4	用于大批量生产
6	（钻）—粗镗—半精镗	IT10～IT9	6.3～3.2	用于除淬火钢以外的各种材料
7	（钻）—粗镗—半精镗—精镗	IT8～IT7	1.6～0.8	
8	（钻）—粗镗—半精镗—磨	IT8～IT7	0.8～0.4	用于淬火钢、不淬火钢和铸铁件。但不宜加工硬度低、韧性大的有色金属
9	（钻）—粗镗—半精镗—粗磨—精磨	IT7～IT6	0.4～0.2	
10	粗镗—半精镗—精镗—磨	IT7～IT6	0.4～0.025	

续表

序号	加工方案	公差等级	表面粗糙度 Ra（μm）	适用范围
11	粗镗—半精镗—精镗—研磨	IT7～IT6	0.4～0.025	用于钢件、铸铁和有色金属件的加工
	粗镗—半精镗—精镗—精细镗			

表中序号 6、7、8、9 加工方案带括号钻孔，当为实心料时先钻孔再镗；当毛坯已有孔时就省略钻孔工步。

附件三 平面加工方法的选择

平面的加工方法有：车削、刨削、铣削、拉削、磨削、研磨、刮削等。

①刨平面特点：加工精度较低，一般在IT9～IT8，Ra6.3～1.6μm，生产率较低。

②铣平面特点：可分为粗铣、半精铣和精铣。铣削过程为断续切削。零件精度可达IT10～IT8，Ra6.3～1.6μm。

③磨平面特点：用于平面的精加工，加工精度可达IT7～IT6，Ra0.8～0.2μm。有圆周磨和端面磨两种，其中圆周磨的特点是砂轮与工件接触面积小，排屑和冷却条件好，工件发热变形小，可用作精磨；端面磨削与圆周磨正好相反，可用作粗磨。

④刮削平面特点：属于光整加工，粗糙度可达Ra1.6～0.4μm，平面直线度0.01mm/m，并能提高接触精度，提高工件的耐磨性。但生产率低，常用于单件小批量加工。大批量生产时可用宽刃细刨代替刮研。

⑤研磨平面特点：加工精度高，可达IT5～IT3，Ra0.1～0.008μm。常用于加工小型平板、平尺及块规的精密测量平面。

平面加工常用加工方法，如表2所示。

表2 平面加工常用加工方法

序号	加工方法	经济精度（公差等级表示）	经济粗糙度值 Ra（μm）	适用范围
1	粗车	IT13～IT11	12.5～50	回转体的端面
2	粗车—半精车	IT10～IT8	3.2～6.3	
3	粗车—半精车—精车	IT8～IT7	0.8～1.6	
4	粗车—半精车—磨削	IT8～IT6	0.2～0.8	
5	粗刨（或粗铣）	IT13～IT11	6.3～25	一般不淬硬平面（端铣表面粗糙度值 Ra 较小）
6	粗刨（或粗铣）—精刨（或精铣）	IT10～IT8	1.6～6.3	
7	粗刨（或粗铣）—精刨（或精铣）—刮研	IT7～IT6	0.1～0.8	精度要求较高的不淬硬平面，批量较大时宜采用宽刃精刨方案
8	以宽刃精刨代替上述刮研	IT6	0.2～0.8	

续表

序号	加工方法	经济精度 （公差等级表示）	经济粗糙度值 Ra（μm）	适用范围
9	粗刨（或粗铣）—精刨（或精铣）—磨削	IT7	0.025～0.4	精度要求高的淬硬平面或不淬硬平面
10	粗刨（或粗铣）—精刨（或精铣）—粗磨—精磨	IT7～IT6	0.2～0.8	
11	粗铣—拉削	IT9～IT7	0.006～0.1 （或 R_z0.05）	大批量生产，较小的平面（精度视拉刀精度而定）
12	粗铣—精铣—磨削—研磨	IT5 以上		高精度平面